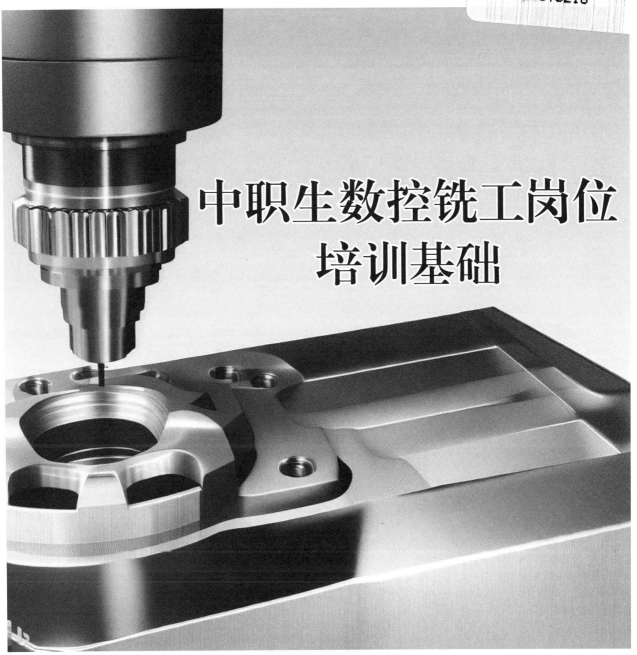

中职生数控铣工岗位培训基础

总主编 钟建康

主　编 林锦浩　　邵国权　　朱军彪

副主编 徐铁宇　　谢川炜　　凌关才

浙江工商大学出版社
ZHEJIANG GONGSHANG UNIVERSITY PRESS

·杭州·

图书在版编目（CIP）数据

中职生数控铣工岗位培训基础 / 林锦浩，邵国权，
朱军彪主编；徐铁宇，谢川炜，凌关才副主编 . — 杭州：
浙江工商大学出版社，2023.11
ISBN 978-7-5178-5726-6

Ⅰ．①中… Ⅱ．①林… ②邵… ③朱… ④徐… ⑤谢
… ⑥凌… Ⅲ．①数控机床—铣床—中等专业学校—教材
Ⅳ．①TG547

中国国家版本馆CIP数据核字（2023）第178986号

中职生数控铣工岗位培训基础
ZHONGZHISHENG SHUKONG XIGONG GANGWEI PEIXUN JICHU

主编 林锦浩　　邵国权　朱军彪　副主编 徐铁宇　　谢川炜　　凌关才

责任编辑	厉　勇	
责任校对	沈黎鹏	
封面设计	王亚英	
责任印制	包建辉	
出版发行	浙江工商大学出版社	
	（杭州市教工路198号　邮政编码310012）	
	（E-mail：zjgsupress@163.com）	
	（网址：http://www.zjgsupress.com）	
	电话：0571-88904980，88831806（传真）	
排　　版	杭州朝曦图文设计有限公司	
印　　刷	杭州宏雅印刷有限公司	
开　　本	880mm×1230mm　1/16	
印　　张	9.5	
字　　数	252千	
版 印 次	2023年11月第1版　2023年11月第1次印刷	
书　　号	ISBN 978-7-5178-5726-6	
定　　价	36.00元	

本书编委会

总主编: 钟建康

主　编: 林锦浩　邵国权　朱军彪

副主编: 徐铁宇　谢川炜　凌关才

编　委: (排名不分先后)

郑卫国　裘解军　潘益刚　丁　宇

胡旭东　韦荣生　周国军　乐　微

王　丹　李春美　楼桥峰

前　言

数控技术是提高产品质量和劳动生产率必不可少的手段。实现加工机床及生产过程数控化是当今制造业的发展方向。本书根据教育部数控技能型紧缺人才培养培训方案的指导思想以及人力资源和社会保障部制定的《数控铣工国家职业技能标准》，并结合中职生数控铣工考工培训教学特点编写而成。本书以培养学生的爱国主义思想、职业精神和工匠精神为思政目标，以学习和掌握数控铣工岗位的操作能力为技能目标，让学生在兴趣中培养爱国主义思想、职业精神和工匠精神。

在兴趣中提高学生的操作技能，按照中职生的能力要求由浅入深，由简到难，逐步将知识与技能穿插其中。全书共分为五个项目，主要内容包括职业道德，数控铣床操作工岗位规范，机床基本保养，数控铣床的结构与种类，刀具、量具、夹具的基本知识，常用指令的学习，夹具的安装与找正，工件的定位与夹紧，系统操作面板的操作，刀补的认识，手动铣削长方形，五角星的加工，莲花图案的制作，普通孔的加工，螺纹孔的加工，极坐标指令，镜像指令，坐标旋转指令，子程序调用，简单宏程序语句的认识与应用，数控铣加工工艺与精度的认识，等等，并结合生活实际，让学生在自己的认知中学会编程与操作技能。

本书具有系统性、通用性、实用性。所选的数控系统为FANUC Oi系列，实际应用广泛。编程讲解详细，操作步骤具体，而且都有典型实例。尤其是零件加工和项目化实训，对典型零件的编程与加工做了详细而具体的讲解，对中职生毕业后直接上岗具有很大的帮助。

本书由绍兴市柯桥区职业教育中心党委书记钟建康担任总主编，绍兴市柯桥区职业教育中心教师林锦浩、邵国权、朱军彪担任主编，徐铁宇、谢川炜和长泰机械有限公司技术人员凌关才担任副主编，绍兴市柯桥区职业教育中心教师郑卫国、裘解军、潘益刚、丁宇、胡旭东、周国军、乐微、王丹、李春美、楼桥峰等参与编写。本书在编写过程中参阅了国内外同行的有关资料、文献和教材，在此对这些作者表示衷心的感谢！同时要感谢学校领导对本书编写工作的支持，感谢我们编写团队教师的辛苦付出。感谢所有为本书编写工作提供支持和帮助的教师！

由于作者水平有限，加之时间仓促，书中难免有不妥或错误之处，恳请有关专家、学者及广大读者朋友批评指正。

编者

2023年5月

目 录

项目一 课程思政 ···001

　　任务一 职业道德 ···002

　　任务二 数控铣床操作工岗位规范 ···004

　　任务三 数控铣床操作规程及日常维护与保养 ·······································005

项目二 数控铣工的基本知识要点 ···011

　　任务一 数控铣床的结构与种类 ···012

　　任务二 刀具、量具、夹具的基本认识 ···014

　　任务三 常用指令的认识 ···027

项目三 岗位基础操作 ···047

　　任务一 安装、找正、定位与夹紧 ···048

　　任务二 系统操作面板的认识与操作 ···051

　　任务三 对刀的基本操作与刀补的认识 ···055

项目四 岗位操作的基础练习 ···061

　　任务一 手动铣削长方形 ···062

　　任务二 五角星的编程与加工(G01) ···065

　　任务三 莲花图案的制作(G02、G03) ···069

　　任务四 普通孔的加工(G81、G83) ···074

　　任务五 螺纹孔的加工(G84) ···086

任务六　极坐标指令(G15、G16) ·· 091

任务七　镜像指令(G51.1、G50.1) ·· 095

任务八　坐标旋转指令(G68、G69) ·· 099

任务九　简单宏程序语句的应用 ·· 103

项目五　岗位操作的提升练习 ·· 111

任务一　数控铣加工工艺与精度的认识 ··· 112

任务二　槽轮机构的认识与加工 ·· 123

任务三　太极八卦图的制作 ·· 129

任务四　企业简单零件1(凸轮) ··· 135

任务五　企业简单零件2(叶轮) ··· 140

参考文献 ··· 144

项目一　课程思政

〰〰〰〰〰〰〰〰〰〰〰〰〰〰〰〰〰〰〰〰〰〰〰〰〰〰〰〰〰〰〰〰

任务一　职业道德

任务二　数控铣床操作工岗位规范

任务三　数控铣床操作规程及日常维护与保养

〰〰〰〰〰〰〰〰〰〰〰〰〰〰〰〰〰〰〰〰〰〰〰〰〰〰〰〰〰〰〰〰

任务一　职业道德

课程目标

知识目标

1.掌握职业道德的特征。

2.掌握职业道德的基本要求。

3.掌握职业守则。

技能目标

1.掌握职业道德的自我约束技能。

2.把职业道德体现在课堂实践中。

思政目标

养成良好的职业素养。

一、知识引入

职业道德的概念有广义和狭义之分。广义的职业道德是指从业人员在职业活动中应该遵循的行为准则,涵盖了从业人员与服务对象、职业与职工、职业与职业之间的关系。狭义的职业道德是指在一定职业活动中应遵循的、体现一定职业特征的、调整一定职业关系的职业行为准则和规范。不同的职业人员在特定的职业活动中形成了特殊的职业关系,包括了职业主体与职业服务对象之间的关系、职业团体之间的关系、同一职业团体内部人与人之间的关系,以及职业劳动者、职业团体与国家之间的关系。

二、知识导学

(一)职业道德的特征

1.范围上的局限性

任何职业道德的适用范围都不是普遍的,而是特定的、有限的。一方面,它主要适用于走上社会岗位的成年人;另一方面,尽管职业道德也有一些共性的要求,但某一特定行业的职业道德可能只适用于专门从事该职业的人。

2.内容上的稳定性和连续性

由于职业分工有其相对的稳定性,与其相适应的职业道德也就有较强的稳定性和连续性。

3.形式上的多样性

职业道德因行业而异,其规范是庞杂的。一般来说,有多少种不同的行业,就有多少种不同的职业道德。

(二)职业道德的基本要求

1.爱岗敬业

爱岗敬业是社会主义职业道德最基本、最起码、最普通的要求。爱岗敬业作为最基本的职业道德规范,是对人们工作态度的一种普遍要求。爱岗就是热爱自己的工作岗位,热爱本职工作,敬业就是要用一种恭敬严肃的态度对待自己的工作。

2.诚实守信

诚实守信是做人的基本准则,也是职业道德的一个基本规范。诚实就是表里如一,说老实话,办老实事,做老实人。守信就是信守诺言,讲信誉,重信用,忠实履行自己承担的义务。诚实守信是各行各业的行为准则,也是做人做事的基本准则。

3.办事公道

办事公道是指对于人和事的一种态度,也是千百年来人们所称道的职业道德。它要求人们待人处事要公正、公平。

4.服务群众

服务群众是社会全体从业者通过互相服务,促进社会发展,实现共同幸福。服务群众是一种现实的生活方式,也是职业道德要求的一项基本内容。服务群众是社会主义职业道德的核心,它贯穿于社会共同的职业道德之中的基本精神。

5.奉献社会

奉献社会就是积极自觉地为社会做贡献。这是社会主义职业道德的本质特征。奉献社会自始至终体现在爱岗敬业、诚实守信、办事公道和服务群众的各种要求之中。奉献社会并不意味着不要个人的正当利益,不要个人的幸福。恰恰相反,一个自觉奉献社会的人,他才真正找到了个人幸福的支撑点。奉献社会和个人利益是辩证统一的。

(三)职业守则

1.遵守国家法律、法规和有关规定。

2.具有高度的责任心,爱岗敬业、团结合作。

3.严格执行相关标准、工作程序与规范、工艺文件和安全操作规程。

4.学习新知识、新技能,勇于开拓和创新。

5.爱护设备、系统及工具、夹具、量具。

6.着装整洁,符合规定;保持工作环境清洁有序,文明生产。

🔓 三、学后评价

学后评价,如表1-1-1所示。

表1-1-1　学后评价

任务名称	职业道德	姓名			
序号	评价内容	要求	自评	互评	总评
1	知识	1.讲出3点以上职业道德的基本要求 2.讲出3点以上职业守则的内容			
2	技能	在课堂实践中体现职业道德			
3	思政	你在课堂活动中的各类表现			
综合评价					

✏️ 四、课后一练

1.职业道德有哪些基本要求?

2.职业守则大致包括哪些内容?

3.你认为课堂上别的同学有哪些表现是自己可以做到的,哪些表现是自己没有做起来或根本没有做到的?

五、课后一想

想一想以前自己在课堂中有哪些不足,有哪些行为是违背职业道德基本要求和守则的?

任务二 数控铣床操作工岗位规范

课程目标

知识目标

掌握数控铣床操作工岗位规范要点。

技能目标

在岗位规范的实践中,提高自己的规范意识。

思政目标

养成良好的职业素养。

一、知识引入

所谓岗位规范,是指企业根据劳动岗位的特点,对上岗人员的条件提出的综合要求。它是企业劳动管理工作的基础,是组织生产和进行工资分配的重要依据,对于加强企业劳动科学管理,建立培训、考核、使用和待遇相结合的机制具有重要作用。岗位规范,又称岗位标准,是对在岗人员所规定的工作要求和任职条件,是对不同岗位人员素质的综合要求,是衡量职工是否具备上岗任职资格的依据。实行上岗合同制,必须制定明确的岗位标准,做到上岗有标准,下岗有依据。岗位规范的内容,一般应包括岗位的工作质量和数量要求,专业知识和劳动技能要求,以及文化程度和应承担的责任等。

二、知识导学

铣床操作工岗位规范主要有以下几点。

1.爱岗敬业

从事任何行业都要讲究职业道德,其中爱岗敬业是最起码的要求。数控铣床操作工要认真遵守岗位规范,严格执行《数控铣床操作规程》等相关规定,不断提高自己的职业道德水平。

2.承担责任

数控铣床在任何企业都属于贵重设备,数控铣床操作工要明白自己肩上的责任,要珍惜自己的名誉,不断地追求更高的效率与更好的质量。

3.爱护设备

严格按照设备使用说明书进行操作和保养才能保持设备精度,延长设备使用寿命,绝不能一时偷懒违反操作规定。在为企业谋得效益最大化的同时为自己创造更好的收益。

4.诚实守信

诚实守信是做人的基本原则,对于数控铣床操作工来说更有特殊的意义。一旦发生事故,必须按照操作规定的要求保持现场,实事求是地告知相关人员事故过程,只有这样才能减少损失。

5.不断学习

一名数控铣床操作工除了操作与编程外,还要根据自身具体条件不断学习。在计算机技术快速发展的今天,操作者务必在计算机辅助加工方面多下功夫,这样才可以提高工作效率、减少失误、保障加工质量,只有与时俱进,才能保证不被淘汰。

6.文明生产

安全生产是对操作者的人身保护,而文明生产是培养操作者自尊、自重、自强品德的客观条件。只有在干净整洁、有序的环境里,才能充分调动操作者的积极性,才能最大限度地发挥设备的功能。

7.保护环境

操作者要有节约意识,在提高效率、减少废品的同时,还要注意节约材料、水、电、油等;减少主轴空转时间、铣床空行程;减少辅助时间;合理选用切削参数,在刀具磨损与生产效率之间找到一个平衡点。操作者还要有环保意识,尤其要注意废切削液必须经过处理,不能直接排放。为保护环境尽自己的义务。

🔓 三、学后评价

学后评价,如表1-2-1所示。

表1-2-1 学后评价

任务名称	数控铣床操作工岗位规范	姓名			
序号	评价内容	要求	自评	互评	总评
1	知识	简要讲出5点以上数控铣床操作工岗位的规范要求			
2	技能	找出其他同学在岗位规范的课堂实践中的不足之处			
3	思政	你在课堂活动中的各类表现			
综合评价					

✏️ 四、课后一练

按铣床操作工岗位规范要求,小组间完成一次提意见找缺点活动。

👤 五、课后一想

想出一条铣床操作工岗位规范之外的要求。

任务三 数控铣床操作规程及日常维护与保养

🎯 课程目标

知识目标

掌握数控铣床操作规程。

技能目标

熟悉数控铣床的日常维护与保养。

思政目标

养成良好的职业素养。

🔒 一、知识引入

上机操作前应熟悉数控铣床的操作说明及数控铣床的开机、关机顺序,一定要按照铣床说明书的规定进行操作。数控铣床的正确操作和维护保养是正确使用数控铣床的关键因素之一。在数控铣床的使用与管理方面,应制定一系列切合实际、行之有效的操作规范。数控铣床操作人员要严格遵守操作规范和日常维护制度,操作人员的技术业务素质的优劣是影响故障发生频率的重要因素。数控车床、数控铣床、加工中心等都应每年至少检查一次。

🔑 二、知识导学

(一)数控铣床的操作规程

(1)操作铣床前,要认真阅读铣床使用说明书,熟悉铣床各部件组成、功能,尤其是急停按钮的数量与位置;掌握该铣床的操作方法及安全注意事项。

(2)操作铣床时必须穿合体工作服,禁止穿凉鞋。除装卸工件、清理切屑、去除毛刺、拆装刀具外,禁止戴手套操作铣床及靠近任何旋转部件。

(3)认真查看交接班记录,每天上班前注意检查铣床外表与性能。

(4)启动铣床前要按照铣床润滑图表进行相应润滑,操作自动润滑的铣床需要检查铣床润滑油液面高度,放净油水分离器内的液体。

(5)检查切削液液面高度,清除切削液箱内的切屑。检查压缩空气压力及气体质量,打开压缩空气阀门。依次合上电源柜手柄,打开铣床侧总电源。按照"先弱电、后强电"的原则:首先打开铣床操作面板电源,然后松开急停按钮,观察铣床状态是否正常。

(6)对于使用相对编码器的铣床需要操作各轴返回铣床原点,其顺序首先是Z轴,之后X、Y轴可同时返回;工作台上没有干涉物时可以三轴同时返回。

(7)预热铣床,检查毛坯、夹具与图样、工艺是否相符。

(8)检查坐标系原点位置,检查程序,包括坐标系选择、程序格式、指令代码、加工参数、程序数值等相关数据的准确性。若需要在"铣床锁住"条件下进行图形模拟检验,务必确定该铣床在检查之后是否需要重新返回参考点。

(9)首件加工与新程序加工都要进行试切。零件试切时,要严格按照试切要领操作。

(10)加工中不得从事任何与操作无关的事情,时刻注意铣床运转情况。如果发现铣床异常,应马上停止加工,查明原因后方可继续运行。如遇紧急情况,立即按下急停按钮,并马上上报相关负责人员进行处理。除非抢救人员需要,否则不得移动铣床。

(11)刀具在切削状态下,可通过调整主轴转速倍率和进给倍率获得最佳切削效果,记录实际切削参数,待试切完成后再对程序做相应的修改。经过试切、调整、零件检验,确保程序运行无误且检验员检查首件产品合格后,方可进行零件的批量加工。在生产过程中根据零件生产批量确定检查密度并进行自检;末件自检后还需经检验员确认合格才能开始新零件的加工。

(12)有交换工作台的铣床,为保证工作台的重复定位精度及工作台交换的安全可靠,应当及时清理导轨及托盘上的切屑。运转的工作台上禁止摆放工具、量具或其他未经固定的物品。为了保障操作者安全、防止切屑和切削液的飞溅,铣床工作时应关上铣床防护门。

(13)铣床自动运转时,不要进入铣床移动部件的动作范围内;禁止身体靠近或接触旋转中的主轴、工件及其他运动部位。

(14)工作结束后,按照"先强后弱"的原则,依次按下急停按钮、关掉铣床操作面板电源,最后关掉铣床总电源开关、拉下电源柜闸箱手柄。清理工件并去毛刺;及时清除切屑,擦拭设备;擦拭工具、量具、刀具。在对铣床进行清扫、检查及工装调整等作业时,必须切断电源,然后才能进入防护门内,不得踩踏防护罩。

(15)未经设备管理者许可,不得更改控制系统的原始参数。铣床无人运转时,应该严格防范火灾的发生,必须使用不可燃的切削液,切勿在铣床周边放置易燃物品。

(16)要爱惜使用说明书、手册、参数表、专用工具等,并且安排专人妥善保管。

(17)每日认真填写交接班(工作)记录。

(二)数控铣床的日常维护与保养

维护和保养的原因是数控铣床是一种高精度、高效率和高自动化的先进加工设备,在企业生产中起着至关重要的作用,只有正确地操作和精心地维护,才能充分发挥它的技术优势,给企业带来巨大的效益。正确地操作能防止铣床非正常磨损,避免突发故障;而精心地维护可使铣床保持良好的技术状态,延缓劣化进程,及时发现和消除故障隐患,防止恶性事故的发生,从而保障安全运行。因此,数控铣床的正确使用与精心维护,是贯彻以防为主的设备维修管理方针的重要环节。

(1)严格遵守操作规范和日常维护制度。数控系统的编程、操作和维修人员必须经过专门的技术培训,熟悉所用数控铣床数控系统的使用环境、条件等,能按铣床和系统使用说明书的要求正确、合理地使用,尽量避免因操作不当引起的故障。同时应根据安全操作规范的要求,针对数控系统各部件的特点,确定各自的保养条例。

(2)尽量少开数控柜和强电柜的门。铣床加工车间的空气中一般都含有油雾、灰尘甚至金属粉末,它们一旦落在数控系统内的电路板或电子器件上,易引起元器件间绝缘电阻下降,甚至导致元器件及电路板的损坏。应降低数控系统的外部环境温度,不允许随便开启柜门。

(3)定时清扫数控柜的散热通风系统。应每天检查数控柜上的各个冷却风扇运转是否正常。视工作环境的状况,每半年或每季度检查一次风道过滤器是否有堵塞现象。若过滤网上灰尘积聚过多,需及时清理,否则将会引起数控柜内温度过高,造成过热报警或数控系统工作不可靠。如果由于环境温度过高,造成数控柜内温度超过上限,应及时加装空调。安装空调后,数控系统的稳定性与可靠性会有明显的提高。

(4)定期更换存储器的电池。一般数控系统的存储器采用CMOSRAM器件,内部设有可充电电池维持电路,以保证数控系统不通电期间能保持存储的内容。在正常电源供电时,由+5 V电源经一个二极管向CMOSRAM供电,并对可充电电池进行充电。而当数控系统切断电源时,则改为由电池供电来维持CMOS-RAM内的信息。在一般情况下,即使电池尚未失效,也应每年更换一次,以确保系统能正常工作。电池的更换一定要在数控系统供电状态下进行,以免存储参数丢失。

(5)数控系统长期不用时的保养。数控系统如果长期闲置,要经常给系统通电,在铣床锁住情况下让系统自动运行。这在空气湿度较大的梅雨季节尤为重要,系统通电可利用电器元件本身的发热来驱散数控柜内的潮气,以保证电子部件性能的稳定可靠,并能及时发现有无电池报警发生,以免丢失系统软件参数。

(6)机械部件的维护。与传统铣床相比,数控铣床的机械结构较简单,但机械部件的精度提高了,相应地对维护提出了更高要求。

①主传动链的维护。熟悉数控铣床主传动链的结构、性能和主轴调整方法,严禁超性能使用。出现不正常现象时,应立即停机排除故障。使用带传动的主轴系统,需定期调整主轴驱动带的松紧程度,防止因带打滑造成的丢转现象。注意观察主轴箱温度,检查主轴润滑恒温油箱,调节温度范围,防止各种杂质进入油箱,及时补充油量。每年更换一次润滑油,并清洗过滤器。主轴中刀具夹紧装置长时间使用后,会产生间隙,影响刀具的夹紧,需及时调整液压缸活塞的位移量。

②滚珠丝杠螺母副的维护。应定期检查、调整丝杠螺母副的轴向间隙,保证反向传动精度和轴向刚度。定期检查丝杠支承与床身的连接是否有松动以及支承轴承是否损坏。每次铣床工作前给滚珠丝杠加一次油。避免工作中撞击防护罩,丝杠防护装置损坏要及时更换,以防灰尘或切屑进入。

③液压、气压系统的维护。应定期对液压系统进行油质化验检查和更换液压油;定期对各润滑、液压、气压系统的过滤器或滤网进行清洗或更换;定期对气压系统的分水排水器放水;定期检查更换密封件,保持液压、气压系统的密封性。

④铣床精度的维护。严格执行铣床的操作规定和维护规定,文明操作,严禁超性能使用,加强对铣床精度的护养。要定期进行铣床水平和机械精度检查并且校正。机械精度的校正方法有软和硬两种,其软方法主要是通过系统参数补偿,如丝杠反向间隙补偿、各坐标定位精度定点补偿、铣床回参考点位置校正等;硬方法一般要在铣床大修时进行。例如,进行导轨修刮、滚珠丝杠螺母副预紧调整反向间隙等。另外,应使铣床保持良好的润滑状态。定期检查清洗自动润滑系统,添加或更换润滑脂、油液,使丝杠、导轨等各运动部位始终保持良好的润滑状态,降低机械磨损速度。要适时对各坐标轴进行超程限位试验,尤其是硬件限位开关,由于切削液等原因使其产生锈蚀,平时又主要靠软件限位起保护作用,但在关键时刻如果由于锈蚀而不起作用将产生碰撞,甚至损坏滚珠丝杠,严重影响其机械精度。试验时只要用手按一下限位开关看是否出现超程警报即可。

为了更具体地说明日常维护与保养的要点,下面特附上某型号加工中心的日常保养一览表,如表1-3-1所示,其他型号的数控铣床的保养与此基本相同。

表1-3-1　加工中心日常保养一览表

序号	检查周期	检查部位	内容与要求
1	1天	导轨润滑油箱	检查油量,及时添加润滑油,润滑油泵是否定时启动供油及停止供油
2	1天	主轴润滑恒温油箱	油箱液压泵有无异常噪声,工作油面高度是否合适,压力表指示是否正常,管路及各接头有无泄漏
3	1天	铣床液压系统	液压控制系统压力是否在正常范围之内
4	1天	压缩空气气源压力	气动控制系统压力是否在正常范围之内
5	1天	气源自动分水排水器、自动空气干燥器	及时清理分水排水器中滤出的水分,保证自动空气干燥器正常工作
6	1天	气液转换器和增压器油面	油量不够时要及时补充
7	1天	X、Y、Z轴导轨面	清除切屑和脏物,检查导轨面有无划伤损坏,润滑油是否充足
8	1天	CNC输入/输出单元	光电阅读机的清洁,机械润滑状况是否良好
9	1天	各防护装置	导轨、铣床防护罩等是否齐全有效
10	1天	电气柜各散热通风装置	各电气柜中冷却风扇是否工作正常,风道过滤网有无堵塞;及时清洗过滤器
11	1周	各电气柜过滤网	清洗黏附的尘土
12	不定期	冷却油箱、水箱	随时检查液面高度,即时添加油,太脏时要更换。清洗油箱(水箱)和过滤器
13	不定期	废油池	及时取走积存在废油池中的废油,以免溢出
14	不定期	排屑器	经常清理切屑,检查有无卡住等现象
15	半年	检查主轴传动带	按铣床说明书要求调整传动带的松紧程度
16	半年	各轴导轨上镶条、压紧滚轮	按铣床说明书要求调整松紧状态
17	1年	检查或更换电动机碳刷	检查换向器表面,去除毛刺,吹净碳粉,磨损过短的碳刷及时更换
18	1年	液压油路	清洗溢流阀、减压阀、滤油器、油箱;过滤或更换液压油

19	1年	主轴润滑恒温油箱	清洗过滤器、油箱,更换润滑油
20	1年	润滑油泵,过滤器	清洗润油池,更换过滤器
21	1年	滚珠丝杠	清洗丝杠上旧的润滑脂,涂上新油脂

🔓 三、学后评价

学后评价,如表1-3-2所示。

表1-3-2　学后评价

任务名称	数控铣床操作规程及日常维护与保养		姓名			
序号	评价内容		要求	自评	互评	总评
1	知识		掌握数控铣床的正确操作流程与规范			
2	技能		做一次数控铣床的日常维护与保养			
3	思政		你在课堂活动中的各类表现			
综合评价						

✏️ 四、课后一练

数控铣床课结束后完成一次日常维护与保养。

👤 五、课后一想

1.如何正确有效地做到对数控铣床的日常维护与保养?

2.结合课堂实际,你觉得平时可以做到哪些日常维护?

项目二　数控铣工的基本知识要点

任务一　数控铣床的结构与种类

任务二　刀具、量具、夹具的基本认识

任务三　常用指令的认识

任务一　数控铣床的结构与种类

🎯 课程目标

知识目标

了解数控铣床的结构与种类。

技能目标

识别数控铣床的不同部件及其功能。

思政目标

养成良好的课堂纪律与职业素养。

🔒 一、知识引入

数控铣床是一种利用数字信号控制铣床运动的加工设备,它可以实现高效、高精度、高自动化的加工过程。数控铣床的结构与种类决定了它的性能和适用范围,因此我们需要了解数控铣床的基本组成和分类。

🔑 二、知识导学

(一)数控铣床的结构组成

数控铣床是在一般铣床的基础上发展起来的一种自动加工设备,两者的加工工艺基本相同,结构也有些相似。

数控铣床一般由以下几部分组成。

1.铣床主体

数控铣床主体部分主要由床身、主轴、工作台、导轨、刀库、自动换刀装置等组成。

2.数控系统

数控系统由程序的输入/输出装置、数控装置等组成,其作用是接收加工程序等各种外来信息,经处理和分配后,向驱动机构发出执行的命令。本书以北京发那科机电有限公司的数控系统FANUC Oi-MD的数控铣床为讲解对象。

3.驱动系统

驱动系统由进给伺服系统和主轴驱动系统组成。伺服系统位于数控装置与铣床主体之间,主要由伺服电动机、伺服电路等装置组成。它的作用是:根据数控装置输出信号,经放大转换后驱动执行电动机,带动铣床运动部件按一定的速度和位置进行运动。

数控铣床的主轴驱动与进给驱动的区别很大,电动机输出功率较大,一般应为2.2~250 kW。进给电动机一般是恒转矩调速,而主轴电动机除了有较大范围的恒转矩调速外,还要有较大范围的恒功率调速。

4.辅助装置

辅助装置是指数控铣床的一些配套部件,包括液压、气动、润滑、冷却系统和排屑、防护等装置。

(二)数控铣床的种类

1.立式数控铣床

立式数控铣床在数量上一直占据数控铣床的大多数,应用范围也最广,如图2-1-1所示。从铣床数控系统控制的坐标数量来看,目前3坐标立式数控铣床仍占大多数;一般可进行3坐标联动加工,但也有部分铣床只能进行3个坐标中的任意2个坐标联动加工(常称为2.5坐标加工)。此外,还有铣床主轴可以绕X、Y、Z坐标轴中的其中1个或2个轴做数控摆角运动的4坐标和5坐标立式数控铣床。

图2-1-1　立式数控铣床

2.卧式数控铣床

与通用卧式铣床相同,其主轴轴线平行于水平面。为了扩大加工范围和扩充功能,卧式数控铣床通常采用增加数控转盘或万能数控转盘来实现4坐标、5坐标加工,如图2-1-2所示。这样,不但工件侧面上的连续回转轮廓可以加工出来,而且可以实现在一次安装中,通过转盘改变工位,进行"四面加工"。

图2-1-2　卧式数控铣床

3.立卧两用型数控铣床

立卧两用型数控铣床的主轴方向可以更换,在一台铣床上既可以进行立式加工,又可以进行卧式加工,其使用范围更广,功能更全,选择加工对象的余地更大,且给用户带来不少方便,如图2-1-3所示。特别是生产批量小,品种较多,又需要立、卧两种方式加工时,用户只需买一台这样的铣床就可以了。

图2-1-3　立卧两用型数控铣床

✏ 三、课后一练

1.数控铣床由哪几部分组成?
2.你认识的数控铣床有哪几种?

👤 四、课后一想

查一查资料,想一想数控铣床加工会用到哪些夹具、量具、刀具。

任务二 刀具、量具、夹具的基本认识

🎯 课程目标

知识目标
了解刀具、量具、夹具的基本类型和功能。

技能目标
识别不同类型的刀具、量具、夹具及其用途。

思政目标
养成良好的课堂纪律与职业素养。

🔒 一、知识引入

刀具、量具、夹具是数控铣床加工过程中必不可少的辅助工具,它们直接影响着加工效果和成品质量。刀具、量具、夹具的选择和使用要根据加工要求和工件特点进行,因此我们需要了解刀具、量具、夹具的基本类型和功能。

🔑 二、知识导学

(一)数控铣床对刀具的基本要求

为了适应数控铣床加工精度高、加工效率高、加工工序集中及零件的装夹次数较少等要求,数控铣床对所用的刀具有许多性能上的要求。

1.高刚度、高强度

为提高生产效率,往往采用高速、大切削用量的加工,因此数控铣床/加工中心采用的刀具应具有能承受高速切削和强力切削所必需的高刚度、高强度。

2.高耐用度

数控铣床可以长时间连续自动加工,但若刀具不耐用而使磨损加快,轻则影响工件的表面质量与加工精度,增加换刀引起的对刀次数,降低效率,使工作表面留下因对刀误差而形成的接刀台阶,重则因刀具破损而发生严重的铣床事故乃至人身事故。

除上述两点外,与普通切削一样,数控铣床刀具切削刃的几何角度参数的选择及排屑性能等也非常重要,积屑瘤等弊端在数控铣削中也是十分忌讳的。

3.刀具精度

随着对零件的精度要求越来越高,对数控铣床刀具的形状精度和尺寸精度的要求也在不断提高,如刀柄、刀体和刀片必须具有很高的精度才能满足高精度加工的要求。

总之,根据被加工工件材料的热处理状态、切削性能及加工余量,选择刚性好、耐用度高、精度高的数控铣床刀具,是充分发挥数控铣床的生产效率和获得满意加工质量的前提。

(二)数控铣刀的分类

1.按制造铣刀所用的材料分类

(1)高速钢刀具。高速钢(HSS)刀具过去曾经是切削工具的主流,随着数控铣床等现代制造设备的广泛应用,大力开发了各种涂层和不涂层的高性能、高效率的高速钢刀具,高速钢凭借其在强度、韧性、热硬性及工艺性等方面优良的综合性能,在切削某些难加工材料以及在复杂刀具,特别是切齿刀具、拉刀和立铣刀制造中仍有较大的比重。但经过市场探索,一些高端产品已逐步被硬质合金刀具代替。

(2)硬质合金刀具。硬质合金是用高硬度、难熔的金属碳化物(WC、TiC 等)和金属黏结剂(Co、Ni 等)在高温条件下烧结而成的粉末冶金制品。硬质合金的常温硬度达 89~93 HRA,760 ℃时其硬度为 77~85 HRA,在 800~1000 ℃时硬质合金还能进行切削,刀具寿命比高速钢刀具高几倍到几十倍,可加工包括淬硬钢在内的多种材料。但硬质合金的强度和韧性比高速钢差,常温下的冲击韧性仅为高速钢的 1/30~1/8,因此,硬质合金承受切削振动和冲击的能力较差。硬质合金是最常用的刀具材料之一,常用于制造面铣刀,也可用硬质合金制造深孔钻、铰刀、拉刀和滚刀。尺寸较小和形状复杂的刀具,可采用整体硬质合金制造,但整体硬质合金刀具成本高,其价格是高速钢刀具的 8~10 倍。国际标准化组织(ISO)把切削用硬质合金分为三类:P类、K类和M类。P类(相当于我国YT类)硬质合金由 WC、TiC 和 Co 组成,也称钨钛钴类硬质合金。这类合金主要用于加工钢料。常用牌号有YT5(TiC 的质量分数为 5%)、YT15(TiC 的质量分数为 15%)等,随着 TiC 质量分数的提高,钴质量分数相应减少,硬度及耐磨性提高,抗弯强度下降。此类硬质合金不宜加工不锈钢和钛合金。K类(相当于我国YG类)硬质合金由 WC 和 Co 组成,也称钨钴类硬质合金。这类硬质合金主要用来加工铸铁、有色金属及其合金。常用牌号有YG6(钴的质量分数为 6%)、YG8(钴的质量分数为 8%)等,随着钴质量分数提高,硬度和耐磨性下降,抗弯强度和韧性提高。M类(相当于我国YW类)硬质合金是在 WC、TiC、Co 的基础上再加入 TaC(或 NbC)而成。加入 TaC(或 NbC)后,改善了硬质合金的综合性能。这类硬质合金既可以加工铸铁和有色金属,又可以加工钢料,还可以加工高温合金和不锈钢等难加工材料,有通用硬质合金之称。常用的牌号有YW1和YW2等。

(3)陶瓷刀具。与硬质合金相比,陶瓷材料具有更高的硬度、红硬性和耐磨性。因此,加工钢材时,陶瓷刀具的耐用度为硬质合金刀具的 10~20 倍,其红硬性比硬质合金高 2~6 倍,且化学稳定性、抗氧化能力等均优于硬质合金。陶瓷材料的缺点是脆性大、横向断裂强度低、承受冲击载荷能力差,这也是几千年来人们不断对其进行改进的重点。

陶瓷刀具材料可分为三大类:①氧化铝基陶瓷。通常是在 Al_2O_3 基体材料中加入 TiC、WC、ZiC、TaC、ZrO_2 等成分,经热压制成复合陶瓷刀具,其硬度可达 93~95 HRC,为提高韧性,常添加少量 Co、Ni 等金属。②氮化硅基陶瓷。常用的氮化硅基陶瓷为 $Si_3N_4+TiC+Co$ 复合陶瓷,其韧性高于氧化铝基陶瓷,硬度则与之相当。③氮化硅-氧化铝复合陶瓷。它又称为赛阿龙(Sialon)陶瓷,其化学成分为 77%Si_3N_4+13%Al_2O_3,硬度可达 1800 HV,抗弯强度可达 1.20 GPa,最适合切削高温合金和铸铁。

(4)超硬刀具。人造金刚石、立方氮化硼(CBN)等具有高硬度的材料统称为超硬材料。超硬刀具主要是以金刚石和立方氮化硼为材料制作的刀具,其中以人造金刚石复合片(PCD)刀具及立方氮化硼复合片(PCBN)刀具占主导地位。许多切削加工概念,如绿色加工、以车代磨、以铣代磨、硬态加工、高速切削、干式切削等都因超硬刀具的应用而起,故超硬刀具成为切削加工中不可缺少的重要手段。

金刚石是世界上已知的最硬物质,并具有高导热性、高绝缘性、高化学稳定性、高温半导体特性等多种优良性能,可用于铝、铜等有色金属及其合金的精密加工,特别适合加工非金属硬脆材料。1955年,美国GE公司采用高温高压法成功合成了人造金刚石,1966年又研制出人造聚晶金刚石复合片(PCD),自此,人造金刚石作为一类新型刀具材料得到迅速发展。但由于金刚石中的碳在高温下易与铁元素作用而迅速熔解,因此金刚石刀具不适合加工铁基合金,从而大大限制了金刚石在金属切削加工中的应用。

立方氮化硼(CBN)是硬度仅次于金刚石的超硬材料。虽然CBN的硬度低于金刚石,但其氧化温度高达1360 ℃,且与铁磁类材料具有较低的亲和性。因此,虽然目前CBN还是以烧结体形式进行制备,但仍是适合钢类材料切削具有高耐磨性的优良刀具材料。由于CBN具有高硬度、高热稳定性、高化学稳定性等优异性能,因此特别适合加工高硬度、高韧性的难加工金属材料。如采用CBN可转位刀片干式精车淬硬齿轮,每个齿轮的加工成本可降低60%;采用配装球形CBN刀片的立铣刀精铣大型硬质磨具,磨削时间可比传统工艺减少80%。CBN材料韧性较差的问题尚待解决。

2.按铣刀结构形式不同分类

(1)整体式:将刀具和刀柄制成一体。如钻头、立铣刀等。

(2)镶嵌式:可分为焊接式和机夹式。

(3)减振式:当刀具的工作臂长与直径之比较大时,为了减少刀具的振动,提高加工精度,多采用此类刀具。

(4)内冷式:切削液通过刀体内部由喷孔喷射到刀具的切削刃部。

(5)特殊形式:如复合刀具、可逆攻螺纹刀具等。

(三)数控铣刀的选择及应用

1.根据被加工零件的几何形状选择刀具类型

(1)加工曲面类零件时,为了保证刀具切削刃与加工轮廓在切削点相切,避免刀刃与工件轮廓发生干涉,一般采用球头铣刀,粗加工用两刃铣刀,半精加工和精加工用四刃铣刀,如图2-2-1所示。

(2)铣较大平面时,为了提高生产效率和加工表面粗糙度,一般采用刀片镶嵌式盘形铣刀,如图2-2-2所示。

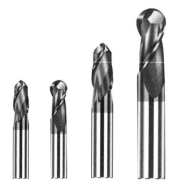

图2-2-1　球头铣刀

图2-2-2　盘形铣刀

(3)铣小平面或台阶面时一般采用通用铣刀,如图2-2-3所示。

(4)铣键槽时,为了保证槽的尺寸精度,一般用两刃键槽铣刀,如图2-2-4所示。

图 2-2-3　通用铣刀

图 2-2-4　键槽铣刀

（5）孔加工时，可采用钻头、镗刀等孔加工类刀具，如图 2-2-5 所示。

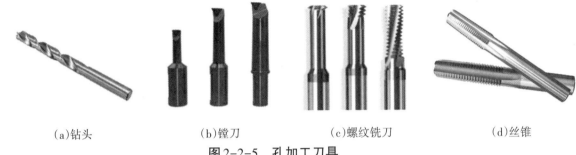

（a）钻头　　　　　　（b）镗刀　　　　　　（c）螺纹铣刀　　　　　　（d）丝锥

图 2-2-5　孔加工刀具

2.铣刀刀柄的认识

铣刀刀柄是用来夹持铣刀的一种铣床附件，是加工中心或数控铣床上刀具夹持系统中的一部分。数控铣床使用的刀具通过刀柄与主轴相连，由刀柄夹持传递速度、扭矩。转动铣刀达到铣削工件的目的。数控铣刀刀柄型号有三种，分别为 bt30 刀柄、bt40 刀柄、bt50 刀柄。按用途种类分为：bt-sk 高速刀柄、bt-ger 高速刀柄、bt-er 弹性刀柄、bt 强力型刀柄、bt-sca 侧铣式刀柄、bt-sla 侧固式铣刀柄、bt-mtb 莫式锥度刀柄、bt 油路刀柄、bt-sdc 后拉式刀柄、BT-SR 热缩刀柄。

数控铣刀刀柄精度为 0.002～0.005 mm，夹持紧，稳定性高。特点：刚度好，硬度高，采用碳氮共渗处理，耐磨耐用。精度高，动平衡性能好，稳定性强。

（1）强力锁紧式刀柄。强力锁紧式刀柄和铣刀刀柄弹簧夹头式不同，夹头和柄部为连体型构造。圆筒式的直柱形套筒的外径稍微呈锥形，如果使锁定环向夹紧方向旋转，滚针将以螺旋状移动，通过夹头弹性变形的收缩来夹持刀具。特点在于夹持力好，精度高，最适用于半精加工、精加工等切削加工的立铣刀，如图 2-2-6 所示。

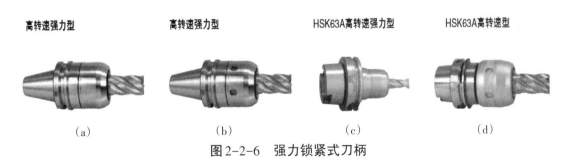

高转速强力型　　　　高转速强力型　　　　HSK63A高转速强力型　　　　HSK63A高转速型

（a）　　　　　　　（b）　　　　　　　（c）　　　　　　　（d）

图 2-2-6　强力锁紧式刀柄

（2）精密夹头式刀柄。精密夹头式刀柄由夹头本体、弹簧套筒、紧固螺帽三部分构成。特点是夹头的种类繁多，弹簧套筒的夹持范围较广，如图 2-2-7 所示。从机械主轴端面到刀具的尺寸较短，可进行稳定切削。将夹头本体套入夹头外周的锥部，一边将紧固螺帽旋入夹头本体，一边紧固夹头，夹紧刀具。其难点在于夹持力比滚珠锁定式夹头小，但因为具有切削加工必要的高刚性，所以最适用于从粗加工到半精加工的立铣刀、钻头加工。

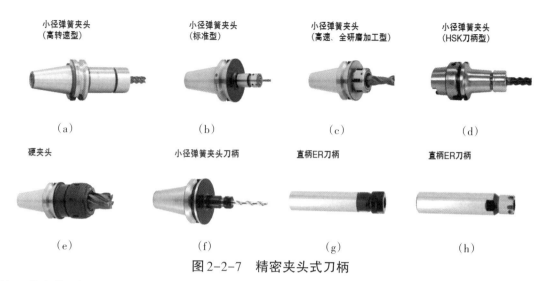

小径弹簧夹头（高转速型）　　小径弹簧夹头（标准型）　　小径弹簧夹头（高速、全研磨加工型）　　小径弹簧夹头（HSK刀柄型）

（a）　　　　　　（b）　　　　　　（c）　　　　　　（d）

硬夹头　　　　　小径弹簧夹头刀柄　　　　直柄ER刀柄　　　　　直柄ER刀柄

（e）　　　　　　（f）　　　　　　（g）　　　　　　（h）

图2-2-7　精密夹头式刀柄

3.铣刀的齿数（齿距）选择

铣刀齿数多，可提高生产效率，但受容屑空间、刀齿强度、铣床功率及刚性等的限制，不同直径的铣刀的齿数均有相应规定。为满足不同用户的需要，同一直径的铣刀一般有粗齿、中齿、密齿三种类型。

粗齿铣刀适用于普通铣床的大余量粗加工和软材料或切削宽度较大的铣削加工。当铣床功率较小时，为使切削稳定，也常选用粗齿铣刀。

中齿铣刀系通用系列，使用范围广泛，具有较高的金属切除率和切削稳定性。

密齿铣刀主要用于铸铁、铝合金和有色金属的大进给速度切削加工。在专业化生产（如流水线加工）中，为充分利用设备功率和满足生产节奏要求，也常选用密齿铣刀（此时多为专用非标铣刀）。

4.铣刀直径的选择

铣刀直径的选用视产品及生产批量的不同差异较大，刀具直径的选用主要取决于设备的规格和工件的加工尺寸。

（1）平面铣刀。选择平面铣刀直径时主要考虑刀具所需功率应在铣床功率范围之内，也可将铣床主轴直径作为选取的依据。平面铣刀直径 D 可按 $D=1.5d$（d 为主轴直径）选取。在批量生产时，也可按工件切削宽度的1.6倍选择刀具直径。

（2）立铣刀。立铣刀直径的选择主要应考虑工件加工尺寸的要求，并保证刀具所需功率在铣床额定功率范围以内。如系小直径立铣刀，则应主要考虑铣床的最高转数能否达到刀具的最低切削速度（60 m/min）。

（3）槽铣刀。槽铣刀的直径和宽度应根据加工工件尺寸来选择，并保证其切削功率在铣床允许的功率范围之内。

（四）数控铣床对夹具的基本要求、常用夹具的种类及选用原则

1.对夹具的基本要求

实际上，数控铣削加工时一般不要求很复杂的夹具，只要求有简单的定位、夹紧机构就可以了。其设计原理也与通用铣床夹具相同，结合数控铣削加工的特点，这里只提出几点基本要求。

（1）为保持零件安装方位与铣床坐标系及编程坐标系方向的一致性，夹具应能保证在铣床上实现定向安装，还要求能协调零件定位面与铣床之间保持一定的坐标尺寸联系。

（2）为保持工件在本工序中所有需要完成的待加工面充分暴露在外，夹具要做得尽可能开敞，因此夹紧机构元件与加工面之间应保持一定的安全距离，同时要求夹紧机构元件能低则低，以防止夹具与铣床主轴套筒或刀套、刀具在加工过程中发生碰撞。

（3）夹具的刚性与稳定性要好。尽量不采用在加工过程中更换夹紧点的设计，当一定要在加工过程中更换夹紧点时，要特别注意不能因更换夹紧点而破坏夹具或工件定位精度。

2.常用夹具种类

常用夹具：三爪卡盘、液压动力卡盘、可调卡爪式卡盘、高速动力卡盘。

数控铣削加工常用的夹具大致有下列几种。

（1）万能组合夹具适用于小批量生产或研制时的中小型工件在数控铣床上进行铣加工。

（2）专用铣切夹具是特别为某一项或类似的几项工件设计制造的夹具，一般在批量生产或研制非要不可时采用。

（3）多工位夹具可以同时装夹多个工件，可减少换刀次数，也便于一面加工，一面装卸工件，有利于缩短准备时间，提高生产率，较适宜于中批量生产。

（4）气动或液压夹具适用于生产批量较大，采用其他夹具又特别费工、费力的工件，它能减轻工人劳动强度和提高生产率。但此类夹具结构较复杂，造价往往较高，而且制造周期较长。

（5）真空夹具适用于有较大定位平面或具有较大可密封面积的工件。有的数控铣床（如壁板铣床）自身带有通用真空平台，在安装工件时，对形状规则的矩形毛坯，可直接用特制的橡胶条（有一定尺寸要求的空心或实心圆形截面）嵌入夹具的密封槽内，再将毛坯放上，开动真空泵，就可以将毛坯夹紧。对形状不规则的毛坯，用橡胶条已不太适应，须在其周围抹上腻子（常用橡皮泥）密封，这样做不但很麻烦，而且占机时间长，效率低。为了克服这种困难，可以采用特制的过渡真空平台，将其叠加在通用真空平台上使用。

3.数控铣床夹具的选用原则

在选用夹具时，通常需要考虑产品的生产批量、生产效率、质量保证及经济性等，选用时可参照下列原则。

（1）在生产量小或研制时，应广泛采用万能组合夹具，只有在组合夹具无法解决工件装夹时才可放弃。

（2）小批量或成批生产时可考虑采用专用夹具，但应尽量简单。

（3）在生产批量较大时可考虑采用多工位夹具和气动夹具，以及液压夹具。

（五）数控铣床常用量具

1.实物类量具

标准直接与实物进行比较，此类量具叫实物类量具。

（1）量块：对长度测量仪器、卡尺等量具进行检定和调整，如图2-2-8所示。

图2-2-8　量块

（2）塞规（试针）：测量孔内径和孔深度，如图2-2-9所示。

图2-2-9　塞规

（3）塞尺（厚薄规）：测量产品的变形和段差，如图2-2-10所示。

图2-2-10　塞尺

（4）R规：主要用于测量R角半径，如图2-2-11所示。

图2-2-11　R规

（5）螺纹规：主要用于测量螺丝孔的通和止的方向，如图2-2-12所示。

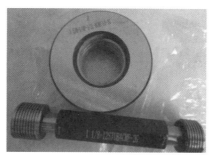

图2-2-12　螺纹规

2.卡尺类量具

（1）游标卡尺：包括分度值为0.01 mm和0.02 mm的，还有0.05 mm的。

①深度游标卡尺：测量工件的深度尺寸，如图2-2-13所示。

图2-2-13　深度游标卡尺

②高度游标卡尺:测量工件的高度尺寸、相对位置,如图2-2-14所示。

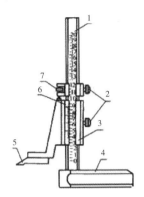

1-主尺;2-紧固螺钉;3-尺框;4-基座;5-量爪;6-游标;7-微动装置

图2-2-14　高度游标卡尺

③二用游标卡尺:测量工件的内外径尺寸,如图2-2-15所示。

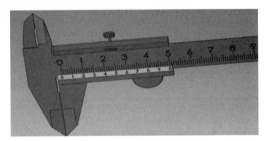

图2-2-15　二用游标卡尺

④三用游标卡尺:测量工件的内径、外径、深度尺寸,如图2-2-16所示。

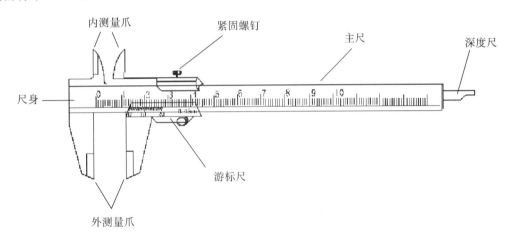

图2-2-16　三用游标卡尺

(2)表盘卡尺:同游标卡尺类似,如图2-2-17所示。

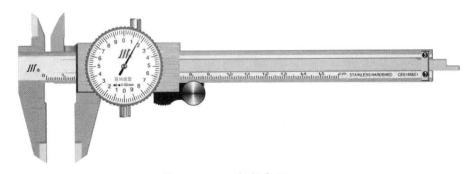

图2-2-17　表盘卡尺

（3）电子卡尺：同游标卡尺类似，如图2-2-18所示。

图2-2-18　电子卡尺

3.千分尺类量具

千分尺类量具也称为螺旋测微仪，主要用于测量柱外径，以及精确度比较高的尺寸，允许误差值±0.01 mm。它专门用于检定试针、杠杆百分表等，主要包括外径千分尺、内径千分尺、电子千分尺和杠杆千分尺。

（1）外径千分尺如图2-2-19所示。

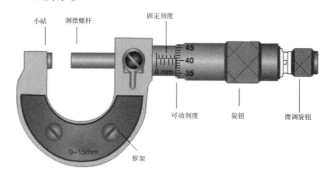

图2-2-19　外径千分尺

（2）内径千分尺如图2-2-20所示。

图2-2-20　内径千分尺

（3）电子千分尺如图2-2-21所示。

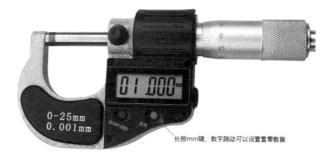

图2-2-21　电子千分尺

(4)杠杆千分尺如图2-2-22所示。

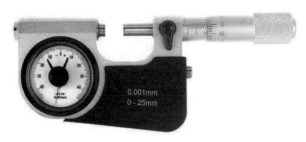

图2-2-22　杠杆千分尺

4.角度类量具

它用于角度的测量,测量范围为0°~320°、0°~360°,主要包括角度尺和万能角度尺。

(1)角度尺如图2-2-23所示。

图2-2-23　角度尺

(2)万能角度尺如图2-2-24所示。

图2-2-24　万能角度尺

5.指示表类量具

（1）百分表：测量工件的形状、位置等尺寸或某些测量装置的测量元件，如图2-2-25所示。

图2-2-25　百分表

（2）杠杆百分表：主要用于工件的形状和位置误差等尺寸测量，如图2-2-26所示。

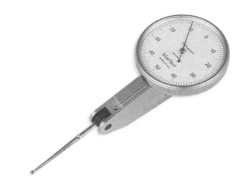

图2-2-26　杠杆百分表

（3）内径百分表：用于测量工件的内径尺寸，如图2-2-27所示。

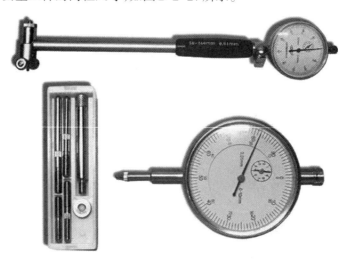

图2-2-27　内径百分表

(4)千分表:用于测量工件的形状、位置误差或某些测量装置的指示部位,如图2-2-28所示。

图2-2-28 千分表

6.几何公差类量具

(1)水平仪:用于测量工件表面相对水平位置倾斜度,可测量各种铣床导轨平面度的误差、平行度误差和直线度误差,也可校正安装设备时的水平位置和垂直位置等,如图2-2-29、图2-2-30所示。

图2-2-29 框式水平仪

图2-2-30 条式水平仪

(2)平台:用于测量货品及其变形的辅助量具。

(3)平板:用于测量货品变形的辅助量具。

7.综合类量具

(1)投影仪:用于测量易变形、薄形、不易用其他量具测量到的尺寸,可通过透射的原理测量外形角度、通孔、柱径等尺寸,如图2-2-31所示。

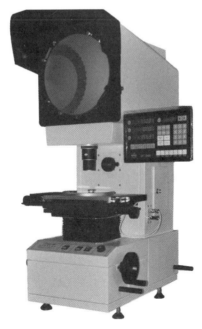

图2-2-31 投影仪

（2）三坐标测量仪：它功能强大，可用于测量其他量具测到及测不到的所有尺寸，其精度为0.5 μm，如图2-2-32所示。

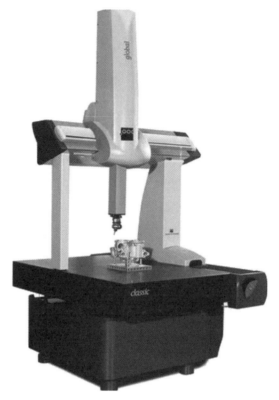

图2-2-32　三坐标测量仪

三坐标测量仪是指在一个六面体的空间范围内，能够表现几何形状、长度及圆周分度等测量能力的仪器，又称为三坐标测量机或三坐标量床。

三坐标测量仪又可定义为一种具有可做三个方向移动的探测器，可在三个相互垂直的导轨上移动，此探测器以接触或非接触等方式传递信号，三个轴的位移测量系统（如光栅尺）经数据处理器或计算机等计算出工件的各点(x, y, z)及各项功能测量的仪器。三坐标测量仪的测量功能应包括尺寸精度、定位精度、几何精度及轮廓精度等。对被测物体没什么特殊要求，要根据被测物体选择不同的测头及测针。

三、课后一练

1.说一说你所了解的数控铣刀具有哪几种，量具有哪几种，夹具有哪几种。

2.说出不少于3种量具，并说明其用途。

3.正确使用游标卡尺，外径、内径千分尺，高度游标卡尺。

四、课后一想

1.本书中有哪些量具或者刀具是你不熟悉的？可以查找资料进行了解。

2.想一想数控铣床编程会用到哪些动作的指令，并查找资料进行了解。

任务三　常用指令的认识

课程目标

知识目标

掌握数控铣床常用的指令含义与格式。

技能目标

使用常用指令编写简单的程序。

思政目标

养成良好的课堂纪律与职业素养。

一、知识引入

指令是数控铣床执行加工动作的基本单元,它是通过数字信号传递给铣床控制系统的。指令可以分为定位指令、插补指令、辅助指令等,它们组成了数控程序。常用指令是我们编写数控程序时经常用到的指令,因此我们需要了解常用指令的含义和格式。

(一)数控编程的种类

数控编程一般分为手工编程和自动编程两类。手工编程主要适用于几何形状不太复杂、坐标计算比较简单、加工程序不长的零件的加工。对于一些复杂零件,特别是具有空间曲线、曲面的零件,则必须使用计算机自动编程。本书数控编程使用北京发那科机电有限公司的FANUC Oi-MD数控系统。

(二)数控程序的结构

1.程序的组成

一个完整的程序由程序名、程序内容和程序结束组成,如表2-3-1所示。

表2-3-1　数控程序的结构

程序	说明
O1001	程序名
N02 G54 G90 G17 G21 G94 G40 G69;	
N04 T01;	
N06 G00 G43 Z100 H01 S600 M03;	程序内容
N08 X30 Y-25;	
...	
N20 M30;	程序结束

(1)程序名。每个存储在系统存储器中的程序都需要指定一个程序号以相互区别,这种用于区别零件加工程序的代号称为程序号。因为程序号是加工程序开始部分的识别标记(又称为程序名),所以同一数控系统中的程序号(名)不能重复。程序号写在程序的最前面,必须单独占一行。FANUC系统程序号的书写格式为O××××,其中O为地址符,其后为四位数字,数值从0000到9999,在书写时其数字前的零可以省略不写,如O0020可写成O20。

（2）程序内容。程序内容是整个加工程序的核心,它由许多程序段组成,每个程序段由一个或多个指令字构成,表示数控铣床中除程序结束外的全部动作。

（3）程序结束。程序结束由程序结束指令构成,它必须写在程序的最后。可以作为程序结束标记的M指令有M02和M30,它们代表零件加工程序的结束。为了保证最后程序段的正常执行,通常要求M02/M30单独占一行。此外,子程序结束的结束标记因不同的系统而各异,如FANUC系统中用M99表示子程序结束后返回主程序;而在SIEMENS系统中则通常用M17、M02或字符"RET"作为子程序的结束标记。

2.程序段格式

一个程序段由若干个指令字组成。指令字由地址符(指令字符)和数字组成。数字可以带正负号和小数点(正号可以省略不写)。程序段格式建议按如下顺序排列:N_G_X_Y_Z_F_S_T_M_。在数控程序段中包含的主要指令字符如表2-3-2所示。

表2-3-2　FANUC Oi-MD主要指令字符

功能	地址符	意义
零件程序号	O	程序名
程序段号	N	程序段编号
准备功能	G	指令动作方式(直线、圆弧等)G00～G99
尺寸字	X、Y、Z	坐标轴的坐标
	R	圆弧半径
	I、J、K	圆心相对于起点的坐标
进给速度	F	每分钟进给速度或每转进给速度
主轴功能	S	主轴转速
刀具功能	T	刀具编号T00～T99
辅助功能	M	铣床主轴、切削液等的开/关控制
补偿号	D、H	刀具补偿号的指定,00～99
暂停	P、X	暂停时间
程序号的指定	P	子程序名
重复次数	L	子程序或固定循环的重复次数
参数	P、Q	固定循环的参数

3.跳过任选程序段

那些不需在运行中执行的程序段可以在程序段号之前输入斜杠"/",并且在铣床操作面板上的跳过任选程序段开关接通时,"/"后的程序段信息无效。当铣床操作面板上的跳过任选程序段开关断开时,"/"后的程序段信息有效。

（三）数控铣床的有关功能及规则

1.辅助功能(M功能)

辅助功能又叫M功能或M代码,由地址符M和其后的两位数字组成,主要用于指定主轴的启动和停止、冷却液的开关、程序结束等。一般情况下,在一个程序段中仅能指定一个M代码。如果在一个程序段中同时指令了两个或两个以上的M代码,则只有最后一个M代码有效,其余的M代码无效。M功能有非模态M功能和模态M功能两种形式。

非模态M功能(当段有效代码):只在书写了该代码的程序段中有效。

模态M功能(续效代码):一直有效,直到被同一组的其他功能注销为止。

模态M功能组中包含一个缺省功能,用"★"标记,系统上电时将被初始化为该功能。FANUC Oi-MD常用辅助功能M代码如表2-3-3所示。

表2-3-3 辅助功能M代码及功能

代码	分类	功能	代码	分类	功能
M00	非模态	程序停止	M07		切削液打开
M01	非模态	程序选择停止	M08	模态	切削液打开
M02	非模态	程序结束	★M09		切削液关闭
M03		主轴正转(顺时针旋转)	M30	非模态	程序结束并返回起始行
M04	模态	主轴反转(逆时针旋转)	M98	非模态	调用子程序
★M05		主轴停止转动	M99	非模态	子程序结束并返回主程序

(1)程序停止(M00)。程序在自动运行执行到M00代码时,将自动运行停止,以方便进行测量工件尺寸、换刀和手动变速等操作。若要进行上述操作,需在该指令的前一程序段用M05代码使主轴停止,以免发生危险。当程序停止时,铣床进给停止,而所有现存的模态信息保持不变,欲继续执行后续程序,重按操作面板上的"循环启动"按钮即可。

(2)程序选择停止(M01)。M01和M00的功能基本相同,但M01代码仅在铣床操作面板上的"任选停止"按钮有效时起作用。如果用户没有按亮铣床操作面板上的"任选停止"按钮,当程序执行到M01代码时,程序不会停止而继续往下执行。

(3)程序结束(M02)。M02代码编写在主程序的最后一个程序段中。当程序执行到M02代码时,铣床的进给停止,主程序结束,并使数控系统复位。使用M02的程序结束后,若要重新执行该程序,必须先在"程序"菜单下按"重新运行"软键,再按铣床操作面板上的"循环启动"按钮。

(4)程序结束并返回起始行(M30)。M30与M02的功能基本相同,区别是M30代码还兼有控制返回到程序起始行的作用。使用M30代码结束程序后,若要重新执行该程序,只需再次按操作面板上的"循环启动"按钮即可。一般在程序中使用M30代码结束程序。

(5)主轴控制指令(M03/M04、M05,模态指令)。

M03:主轴正转(面对Z轴正方向观察,主轴顺时针旋转为正转)。

M04:主轴反转(面对Z轴正方向观察,主轴逆时针旋转为反转)。

M05:主轴停止转动。

M05为缺省功能。M03和M05可相互注销;M04和M05也可相互注销。

(6)切削液打开、关闭(M07/M08、M09,模态指令)。

M07/M08:打开切削液。不同生产厂家的打开切削液指令是不一样的,以铣床厂家的说明为准。

M09:关闭切削液。

M09为缺省功能。M07和M09可相互注销;M08和M09也可相互注销。

(7)调用子程序(M98)及子程序结束并返回主程序(M99)。

M98:调用子程序。

M99:子程序结束并返回主程序。

如果程序包含固定的加工顺序或多次重复的加工模式,可以编成子程序储存在存储器中以简化编程。子程序由主程序调用。被调用的子程序也可以调用另一子程序。当主程序调用子程序时,被认为是1级子程序,子程序调用可以嵌套10级。

①子程序的格式。

O××××:子程序号。也可以用开头的程序段中N后面的顺序号作为子程序名。

M99:子程序结束符,不一定要作为独立的程序段指令,可合并在上一程序段中。

②调用子程序的格式。

M98 P×××× ××××;

其中,P后的后4位数为被调用的子程序号,前4位数为重复调用的次数,只调用一次时可省略不写。调用子程序结束后返回主程序,继续执行后续程序段。

例如,M98 P3 1002;表示调用子程序号为O1002,调用次数为3次。

2.主轴功能(S功能)和刀具功能(T功能)

(1)主轴功能。主轴功能控制主轴转速,由地址符S和其后的数值组成。其后的数值表示主轴转速,单位为r/min(转/分钟)。S是模态指令,S功能只有在主轴速度可调节时有效。

例如,S600 M03:表示主轴以600 r/min的速度正转。

可借助于操作面板上的主轴修调倍率旋钮进行调整(调节范围10%～150%)。

(2)刀具功能。T代码用于选刀,在地址符T后的数值(最多8位)表示选择的刀具号。

T指令为非模态指令,执行时仅选择刀具号,而不调入刀补寄存器中的刀补值(刀具长度补偿值和刀具半径补偿值)。在一个程序段中,只能指定1个T代码。数控铣床因没有刀库和自动换刀装置,只能手动换刀。

3.准备功能(G功能)

准备功能G代码由G和其后的两位数字组成。FANUC Oi-MD数控系统G功能如表2-3-4所示。

表2-3-4　FANUC Oi-MD准备功能

G代码	组别	功能	G代码	组别	功能
G00	01	快速点定位	★G50.1	22	可编程镜像取消
★G01		直线插补	G51.1		可编程镜像有效
G02		顺时针圆弧插补	G52	00	局部坐标系设定
G03		逆时针圆弧插补	G53		选择铣床坐标系
G04	00	暂停	★G54	14	选择工件坐标系1
G05		预读处理控制	G54.1		选择附加工件坐标系
G07		圆柱插补	G55		选择工件坐标系2
G08		预读处理控制	G56		选择工件坐标系3
G09		准确停止	G57		选择工件坐标系4
G10		可编程数据输入	G58		选择工件坐标系5
G11		可编程数据输入取消	G59		选择工件坐标系6
★G15	17	极坐标取消	G60	00	单方向定位方式
G16		极坐标指令	G61	15	准确停止方式
★G17	02	选择XY平面	G62		自动拐角倍率
G18		选择ZX平面	G63		攻丝方式
G19		选择YZ平面	★G64		切削方式
G20	06	英寸输入	G65	00	宏程序非模态调用
★G21		毫米输入	G66	12	宏程序模态调用
★G22	04	存储行程检测接通	★G67		宏程序模态调用取消
G23		存储行程检测断开	G68	16	坐标系旋转

续表

G27		返回参考点检测	★G69		坐标系旋转取消
G28		返回参考点	G73		深孔钻循环
G29	00	从参考点返回	G74		左螺纹攻丝循环
G30		返回第2、第3、第4参考点	G76		精镗孔循环
G31		跳转功能	★G80		固定循环取消
G33	01	螺纹切削	G81		钻孔、锪镗孔循环
G37	00	自动刀具长度测量	G82		钻孔循环
G39		拐角偏置圆弧插补	G83	09	深孔循环
★G40		刀具半径补偿取消	G84		攻丝循环
G41	07	刀具半径左补偿	G85		铰孔循环
G42		刀具半径右补偿	G86		镗孔循环
★G40.1		法线方向控制取消	G87		背镗孔循环
G41.1	19	左侧法线方向控制	G88		镗孔循环
G42.1		右侧法线方向控制	G89		镗孔循环
G43	08	正向刀具长度补偿	★G90	03	绝对值编程
G44		负向刀具长度补偿	G91		增量值编程
G45		刀具位置偏置加	G92	00	设定工作坐标系
G46	00	刀具位置偏置减	G92.1		工作坐标系预置
G47		刀具位置偏置加2倍	★G94	05	每分钟进给
G48		刀具位置偏置减2倍	G95		每转进给
★G49	08	刀具长度补偿取消	G96	13	恒线速度
★G50	11	比例缩放取消	★G97		每分钟转数
G51		比例缩放有效	★G98	10	固定循环返回初始点
			G99		固定循环返回R点

注：①带"★"标记的为缺省值，系统上电时初始化为该G代码的状态。

②00组G代码中，除了G10和G11外，其他的都是非模态G代码。

G功能有非模态G功能和模态G功能之分。

非模态G功能：只在本程序段中有效，程序段结束时被注销。

模态G功能：该功能一直有效，直到被同一组的其他G功能取代为止。模态G功能组中包含一个缺省G功能（在表2-3-4中有"★"标记），没有共同参数的不同G代码可以放在同一程序段中，而且与顺序无关。例如，G90、G17可与G01放在同一程序段。

（3）坐标值和尺寸系统。

①单位设定指令G20、G21。

G20是英制输入制式；G21是公制输入制式。两种制式下线性轴和旋转轴的尺寸单位如表2-3-5所示。

表2-3-5　尺寸输入制式及单位

指令	线性轴	旋转轴
G20（英制）	英寸	度
G21（公制）	毫米	度

②绝对值编程G90与相对值编程G91。

A.绝对坐标。

在ISO代码中,绝对坐标指令用G代码G90来表示。程序中坐标功能字后面的坐标是以原点作为基准,表示刀具终点的绝对坐标。

B.相对坐标。

在ISO代码中,相对坐标(增量坐标)指令用G代码G91来表示。程序中坐标功能字后面的坐标是以刀具起点作为基准,表示刀具终点相对于刀具起点坐标值的增量。如图2-3-1(a)所示,要求刀具由原点按顺序移动到1、2、3点,使用G90和G91编程如图2-3-1(b)、(c)所示。

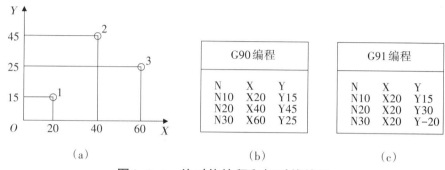

（a）　　　　　　　　　　　　（b）　　　　　　　　　　　（c）

图2-3-1　绝对值编程和相对值编程

选择合适的编程方式可以使编程简化。通常当图纸尺寸由一个固定基准给定时,采用绝对方式编程较为方便;而当图纸尺寸是以轮廓顶点之间的间距给出时,采用相对方式编程较为方便。

G90与G91属于同组模态指令,系统默认指令是G90。在实际编程时,可根据具体的零件及零件的标注来进行G90和G91方式的切换。

③加工平面设定指令G17、G18、G19。

G17选择XY平面;G18选择ZY平面;G19选择YZ平面。一般系统默认为G17。该组指令用于选择进行圆弧插补和刀具半径补偿的平面。值得注意的是,移动指令与平面选择无关,如执行指令"G17 G01 Z10"时,Z轴照样会移动。

④小数控点编程。

数控编程时,数字单位以公制为例分为两种:一种是以毫米为单位,另一种是以脉冲当量即铣床的最小输入单位为单位。现在大多数铣床常用的脉冲当量为0.001 mm。对于数字的输入,有些系统可省略小数点,有些系统则可以通过系统参数来设定是否可以省略小数点,而大部分系统小数点则不可省略。对于不可省略小数点编程的系统,当使用小数点进行编程时,数字以毫米(mm)[英制为英寸(Inch)]为输入单位;角度为度(deg)为输入单位;当可省略小数点编程时,则以铣床的最小输入单位作为输入单位。

例如,从刀点(0,0)移动到8点(60,0)有以下三种表达方式:

X60.0

X60.(小数点后的零可以省略)

X60 000(脉冲当量为0.001 mm)

以上三组数值均表示坐标值为60 mm,60.0与60 000从数学角度上看,两者相差了1000倍。因此在进行数控编程时,不管是哪种系统,为保证程序的正确性,最好不要省略小数点的输入。此外,脉冲当量为0.001 mm的系统采用小数点编程时,其小数点后的位数超过四位时,数控系统按四舍五入处理。例如,当输入X60.1234时,经系统处理后的数值为X60.123。

(4)插补相关功能指令。

①快速定位指令G00。

A.指令格式。

G00 X_Y_Z_；

其中,X_Y_Z_为刀具目标点坐标,当使用增量方式时,X_Y_Z_为目标点相对于起始点的增量坐标,不运动的坐标可以不写。

B.指令说明。

刀具相对于工件以各轴预先设定的速度,从当前位置快速移动到程序段指令的定位目标点。其快移速度由铣床参数"快移进给速度"对各轴分别设定,而不能用F规定。G00指令一般用于加工前的快速定位或加工后的快速退刀。注意:在执行G00指令时,因为各轴以各自速度移动,不能保证各轴同时到达终点,联动直线轴的合成轨迹不一定是直线,所以操作者必须格外小心,以免刀具与工件发生碰撞。常见的做法是将Z轴移动到安全高度,再放心地执行G00指令。例如,G90 G00 X0 Y0 Z100.0;[使刀具以绝对编程方式快速定位到(0,0,100)的位置]由于刀具的快速定位运动,一般不直接使用G90 G00 X0 Y0 Z100.0的方式,避免刀具在安全高度以下首先在XY平面内快速运动而与工件或夹具发生碰撞。

G90 G00 Z100.0;(刀具首先快速移到Z=100.0 mm高度的位置)

X0 Y0;(刀具接着快速定位到工件原点的上方)

G00指令一般在需要将主轴和刀具快速移动时使用,可以同时控制1~3轴,既可在X或Y轴方向移动,也可以在空间做三轴联动快速移动。而刀具的移动速度又由数控系统内部参数设定,在数控铣床出厂前已设置完毕,一般为5000~10000 mm/min。G00移动速度由铣床系统参数设定。编程时,G00不用指定移动速度,但可通过铣床面板上的按钮"F0""F25""F50"和"F100"对G00移动速度进行调节。

②直线插补指令G01。

数控铣床的刀具(或工作台)沿各坐标轴位移是以脉冲当量为单位的(mm/脉冲)。刀具加工直线或圆弧时,数控系统按程序给定的起点和终点坐标值,在其间进行"数据点的密化"——求出一系列中间点的坐标值,然后依顺序按这些坐标轴的数值向各坐标轴驱动机构输出脉冲。数控装置进行的这种"数据点的密化"叫做插补功能。

G01指令是直线运动指令,它命令刀具在两坐标或三坐标轴间以联动插补的方式按指定的进给速度做任意斜率的直线运动。

A.指令格式。

G01 X_Y_Z_F_；

其中,X_Y_Z_为刀具目标点坐标,当使用增量方式时,X_Y_Z_为目标点相对于起始点的增量坐标,不运动的坐标可以不写。F为刀具切削进给的进给速度。在G01程序段中必须含有F指令。如果在G01程序段前的程序中没有指定F指令,而在G01程序段也没有F指令,则铣床不运动,有的系统还会出现系统报警。

B.指令说明。

G01指令是要求刀具以联动的方式,按F指令规定的合成进给速度,从当前位置按线性路线(联动直线轴的合成轨迹为直线)移动到程序段指令的终点。G01是模态指令,可由G00、G02、G03或G33功能注销。

③圆弧插补指令(G02、G03)。

A.指令格式。

其中,G02表示顺时针圆弧插补;G03表示逆时针圆弧插补。如图2-3-2所示,圆弧插补的顺逆方向的判断方法是:沿圆弧所在平面(如XY平面)的另一根轴(Z轴)的正方向向负方向看,顺时针方向为顺时针圆弧,逆时针方向为逆时针圆弧。

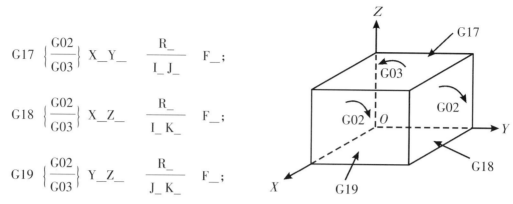

$$G17 \begin{Bmatrix} G02 \\ G03 \end{Bmatrix} X\_Y\_ \quad \frac{R\_}{I\_J\_} \quad F\_;$$

$$G18 \begin{Bmatrix} G02 \\ G03 \end{Bmatrix} X\_Z\_ \quad \frac{R\_}{I\_K\_} \quad F\_;$$

$$G19 \begin{Bmatrix} G02 \\ G03 \end{Bmatrix} Y\_Z\_ \quad \frac{R\_}{J\_K\_} \quad F\_;$$

图 2-3-2　圆弧插补的顺逆方向的判断

X_Y_Z_为圆弧的终点坐标值,其值可以是绝对坐标,也可以是增量坐标。在增量方式下,其值为圆弧终点坐标相对于圆弧起点的增量值。

R_为圆弧半径。

I_J_K_为圆弧的圆心相对其起点并分别在 X、Y 和 Z 坐标轴上的增量值,如图 2-3-3 所示圆弧在编程时的 I、J 值均为负值。

例:如图 2-3-4 所示轨迹 AB 用圆弧指令编写的程序段为

AB1: G03 X2.68 Y20.0 R20.0;

　　　 G03 X2.68 Y20.0 I-17.32 J-10.0;

AB2: G02 X2.68 Y20.0 R20.0;

　　　 G02 X2.68 Y20.0 I-17.32 J10.0;

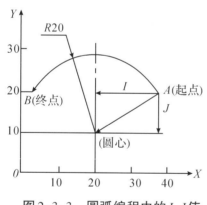

图 2-3-3　圆弧编程中的 I、J 值

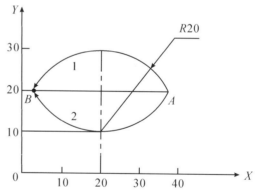

图 2-3-4　R 及 I、J、K 编程举例

B.指令说明。

圆弧半径 R 有正值与负值之分。当圆弧圆心角小于或等于 180° 时,R 用正值表示;当圆弧圆心角大于 180° 并小于 360° 时,R 用负值表示。需要注意的是,该指令格式不能用于整圆插补的编程,整圆插补需用 I、J、K 方式编程。例:编写如图 2-3-5 所示槽(槽深 6 mm)的加工程序,刀具选直径 12 mm 的键槽铣刀。其加工程序如表 2-3-6 所示。

表 2-3-6　图 2-3-5 编程参考

程序	说明
O0001	程序号
G90 G94 G21 G40 G17 G54;	程序初始化
G00 Z100;	Z 向安全安度点

续表

G90 G00 X-30.0 Y15.0;	刀具快速X、Y坐标定位
Z20.0;	刀具快速定位
M03 S600;	主轴正转,600 r/min
G01 Z-6.0 F50;	刀具Z向切削进给
X0.0	G01加工直槽
G02 X-15.0 Y0.0 R-15.0;	加工圆弧槽
G00 Z100;	Z向回安全点
M30;	程序结束

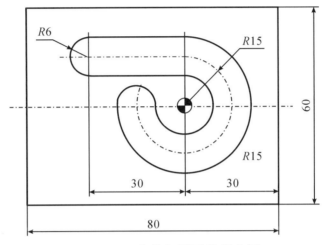

图2-3-5 直线与圆弧编程实例

例:使用G02对图2-3-6所示a弧和b弧进行编程。

在图2-3-6中,a弧与b弧的起点、终点、方向和半径都相同,仅旋转角度a小于180°,b大于180°。所以a弧半径以R30表示,b弧半径以R-30表示。程序编制如表2-3-7所示。

表2-3-7 a弧和b弧的编程

类别	a弧	b弧
增量编程	G91 G02 X30 Y30 R30 F300	G91 G02 X30 Y30 R-30 F300
	G91 G02 X30 Y30 I30 J0 F300	G91 G02 X30 Y30 I0 J30 F300
绝对编程	G90 G02 X0 Y30 R30 F300	G90 G02 X0 Y30 R-30 F300
	G90 G02 X0 Y30 I30 J0 F300	G90 G02 X0 Y30 I0 J30 F300

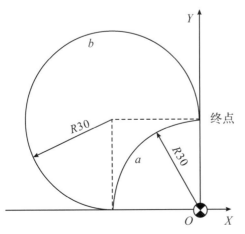

图2-3-6 a弧和b弧的编程

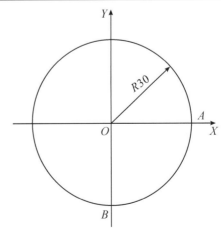

图2-3-7 整圆编程

例:使用G02/G03对图2-3-7所示的整圆编程。

整圆的程序编制如表2-3-8所示。

表2-3-8 整圆的编程

类别	从A点顺时针一周	从B点逆时针一周
增量编程	G91 G02 X0 Y0 I-30 J0 F300	G91 G03 X0 Y0 I0 J30 F300
绝对编程	G90 G02 X30 Y0 I-30 J0 F300	G90 G03 X0 Y-30 I0 J30 F300

注:①所谓顺时针或逆时针,是从垂直于圆弧所在平面的坐标轴的正方向所看到的回转方向。

②整圆编程时不可以使用R方式,只能用I、J、K方式。

③同时编入R与I、J、K时,只有R有效。

④圆弧程序的编制应根据图纸上的尺寸选择合理的编程格式。

(5)返回参考点指令(G27、G28、G29)。

对于铣床回参考点动作,除可采用手动回参考点的操作外,还可以通过编程指令来自动实现。常见的与返回参考点相关的编程指令主要有G27、G28、G29三种,均为非模态指令。

①返回参考点校验指令G27。

返回参考点校验指令G27用于检查刀具是否正确返回到程序中指定的参考点位置。执行该指令时,如果刀具通过快速定位指令G00正确定位到参考点上,则对应轴的返回参考点指示灯亮,否则铣床系统会报警。

其指令格式为G27 X_ Y_ Z_;

其中,X_ Y_ Z_是参考点在工件坐标系中的坐标值。

②自动返回参考点指令G28。

执行G28指令时,可以使刀具以点位方式经中间点返回到参考点,中间点的位置由该指令后的X_ Y_ Z_值决定。

其指令格式为G28 X_ Y_ Z_;

其中,X_ Y_ Z_是返回过程中经过的中间点,其坐标值可以用增量值也可以用绝对值,但须用G91或G90来指定。返回参考点过程中设定中间点的目的是防止刀具在返回参考点过程中与工件或夹具发生干涉。

例如:G90 G28 X100.0 Y100.0 Z100.0;则刀具先快速定位到工件坐标系的中间点(100, 100, 100)处,再返回铣床X、Y、Z轴的参考点。

③自动从参考点返回指令G29。

执行G29指令时,可以使刀具从参考点出发,经过一个中间点到达X_ Y_ Z_坐标值所指定的位置。G29中间点的坐标与前面G28所指定的中间点坐标为同一坐标值,因此,这条指令只能出现在G28指令的后面。

其指令格式为G29 X_ Y_ Z_;

其中,X_ Y_ Z_是从参考点返回后刀具所到达的终点坐标。可用G91/G90来决定该值是增量值还是绝对值。如果是增量值,则该值指刀具终点相对于G28中间点的增量值。

由于在编写G29指令时有种种限制,而且在选择G28指令后,这条指令并不是必需的,因此建议用G00指令来代替G29指令。

G28与G29指令执行过程如图2-3-8所示,刀具回参考点前已定位到点A,取B点为中间点,R点为参考点,C点为执行G29指令到达的终点。

其指令如下:

G91 G28 X200.0 Y100.0 Z0.0；

T01 M06；

G29 X100.0 Y−100.0 Z0.0；

或：

G90 G28 X200.0 Y200.0 Z0.0；

T01 M06；

G29 X300.0 Y100.0 Z0.0；

以上程序的执行过程为：首先执行G28指令,刀具从A点出发,以快速点定位方式经中间点B返回参考点R；返回参考点后执行换刀动作；再执行G29指令,从参考点R出发,以快速点定位方式经中间点B定位到点C,具体情况如图2-3-8所示。

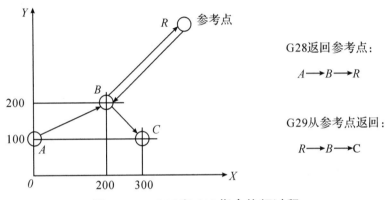

图2-3-8　G28和G29指令执行过程

4.固定循环指令

在数控铣床与加工中心上进行孔加工时,通常采用系统配备的固定循环功能进行编程。通过对这些固定循环指令的使用,可以在一个程序段内完成某个孔加工的全部动作(孔加工进给、退刀、孔底暂停等),从而大大减少编程的工作量。

孔加工固定循环动作如图2-3-9所示,通常由6部分组成。

①动作1：XY(G17)平面快速定位。

②动作2(BR段)：Z向快速进给到R点。

③动作3(RZ段)：Z轴切削进给,进行孔加工。

④动作4(Z点)：孔底部的动作。

⑤动作5(ZR段)：Z轴退刀。

⑥动作6(RB段)：Z轴快速回到起始位置。

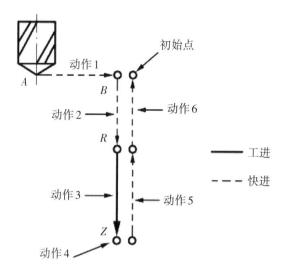

图2-3-9　固定循环动作

孔加工循环的通用编程格式如下：

G73~G89X_Y_Z_R_Q_P_F_K_；

其中，X_Y_:指定孔在XY平面内的位置；

Z_:孔底平面的位置；

R_:R点平面所在位置；

Q_:G73和G83深孔加工指令中刀具每次加工深度，或G76和G87精镗孔指令中主轴准停后刀具沿准停反方向的让刀量；

P_:指定刀具在孔底的暂停时间，数字不加小数点，以毫秒作为时间单位；

F_:孔加工切削进给时的进给速度；

K_:指定孔加工循环的次数，该参数仅在增量编程中使用。

在实际编程时，并不是每一种孔加工循环的编程都要用到以上格式的所有代码。例如下面的钻孔固定循环指令格式：

G81 X30.0 Y20.0 Z-32.0 R5.0 F50；

上述格式中，除K代码外，其他所有代码都是模态代码，只有在循环取消时才被清除，因此这些指令一经指定，在后面的重复加工中不必重新指定，如下例：

G82 X30.0 Y20.0 Z-32.0 R5.0 P1000 F50；

X50.0；

G80；

执行以上指令时，将在两个不同位置加工出两个相同深度的孔。

孔加工循环用G80指令取消。另外，如在孔加工循环中出现01组的G代码，则孔加工方式也会自动取消。

（四）固定循环的平面与指令

1.初始平面

初始平面（如图2-3-10所示）是为安全下刀而规定的一个平面，可以设定在任意一个安全高度上。当使用同一把刀具加工多个孔时，刀具在初始平面内的任意移动将不会与夹具、工件凸台等发生干涉。

2.R点平面

R点平面又叫R参考平面。这个平面是刀具下刀时，自快进转为工进的高度平面，距工件表面的距离主要考虑工件表面的尺寸变化，一般情况下取2~5 mm。

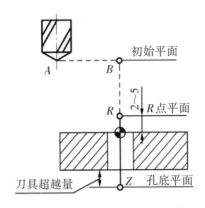

图 2-3-10 固定循环平面

(1)G98 与 G99 的方式。当刀具加工到孔底平面后,刀具从孔底平面以两种方式返回,即返回到初始平面和返回到 R 点平面,分别用指令 G98 与 G99 来决定。

①G98 方式。G98 为系统默认返回方式,表示返回初始平面。当采用固定循环进行孔系加工时,通常不必返回到初始平面。当全部孔加工完成后或孔之间存在凸台或夹具等干涉件时,则需返回初始平面。

G98 指令格式如下:

G98 G81 X_ Y_ Z_ R_ F_;

②G99 方式。G99 表示返回 R 点平面(如图 2-3-11 所示)。在没有凸台等干涉情况下,加工孔系时,为了节省加工时间,刀具一般返回到 R 点平面。

G99 指令格式如下:

G99 G82 X_ Y_ Z_ R_ P_ F_;

(2)G90 和 G91 的方式。固定循环中 R 值与 Z 值数据的指定和 G90 与 G91 的方式选择有关,而 Q 值和 G90 与 G91 方式无关。

①G90 方式。G90 方式中,X、Y、Z 和 R 的取值均指工件坐标系中绝对坐标值(如图 2-3-12 所示)。此时,R 一般为正值,而 Z 一般为负值,如下例:

G90 G99 G83 X_Y_Z-20.0 R5.0 Q5.0 F_;

②G91 方式。G91 方式中,R 值是指从初始平面到 R 点平面的增量值,而 Z 值是指从 R 点平面到孔底平面的增量值。如图 2-3-12 所示,R 值与 Z 值(G87 例外)均为负值,如下例:

G91 G99 G83 X_ Y_ Z-25.0 R-30.0 Q5.0 F_ K_;

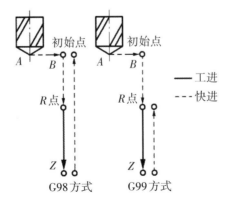

图 2-3-11 G98 和 G99 的方式

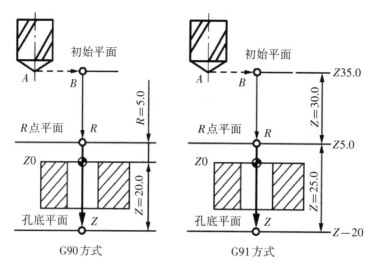

图 2-3-12　G90 和 G91 的方式

3.固定循环指令

(1)钻孔循环(G81)和锪孔循环(G82)。

指令格式:

G81 X_ Y_ Z_ R_ F_;

G82 X_ Y_ Z_ R_ F_;

指令动作:

G81 指令常用于普通钻孔,其加工动作如图 2-3-13 所示,刀具在初始平面快速(G00 方式)定位到指令中指定的 X、Y 坐标位置,再 Z 向快速定位到 R 点平面,然后执行切削进给到孔底平面,刀具从孔底平面快速 Z 向退回到 R 点平面或初始平面。

G82 指令在孔底增加了进给后的暂停动作,以提高孔底表面粗糙度质量,如果指令中不指定暂停参数 P,则该指令和 G81 指令完全相同。该指令常用于锪孔或台阶孔的加工。

例:试用 G81 或 G82 指令编写如图 2-3-14 所示孔的数控铣床加工程序。

参考程序如表 2-3-9 所示。

表 2-3-9　G82 钻孔实例

程序	说明
O0001	程序号
G54 G90 G17 G94 G40 G80 G21;	
M03 S800 M08;	
G90 G00 Z50.0;	Z50.0 即为初始平面
G99 G82 X-30.0 Y0 Z-28.0 R5.0 P2000 F60;	Z 向超越量为钻尖高度 3 mm
X0.0;	加工第二个孔
G98 X30.0;	加工第三个孔,返回初始平面
G80 M09;	取消固定循环
G00 Z100;	
M30;	

以上指令,如要改成 G81 指令进行加工,则只需将指令中的程序段改成" G99 G81 X-30.0 Y0 Z-28 R5.0 F60"即可。

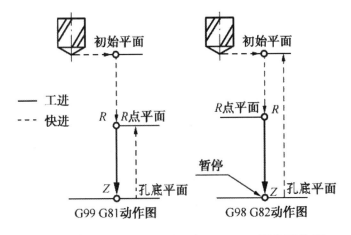

图 2-3-13　G99 G81 与 G98 G82 指令动作图

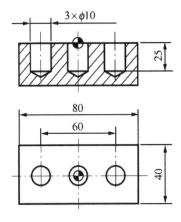

图 2-3-14　G81 与 G82 编程实例

（2）高速深孔钻循环（G73）与深孔钻循环（G83）。

所谓深孔，是指孔深与孔直径之比大于 5 而小于 10 的孔。加工深孔时，加工中散热差，排屑困难，钻杆刚性差，易使刀具损坏和引起孔的轴线偏斜，从而影响加工精度和生产效率。

指令格式：

G73 X_ Y_ Z_ R_ Q_ F_；

G83 X_ Y_ Z_ R_ Q_ F_；

指令动作：

如图 2-3-15 所示，G73 指令通过刀具 Z 轴方向的间歇进给实现断屑动作。指令中的 Q 值是指每一次的加工深度（均为正值且为带小数点的值）。图 2-3-15 中的 d 值由系统指定，无须用户指定。G83 指令通过 Z 轴方向的间歇进给实现断屑与排屑的动作。该指令与 G73 指令的不同之处在于：刀具间歇进给后快速回退到 R 点，再快速进给到 Z 向距上次切削孔底平面 d 处。从该点处快进变成工进，工进距离为 Q+d。

G73 指令与 G83 指令多用于深孔加工的编程。

例：试用 G73 或 G83 指令编写如图 2-3-16 所示孔的数控铣床加工程序。

O0002

G90 G94 G80 G40 G21 G54；

G90 G00 Z50.0；

M03 S600 M08；

G99 G73 X-50.0 Y-30.0 Z-55.0 R3.0 Q10.0 F60；（每次切深 10 mm）

X50.0；

Y30.0；

G98 X-50.0；

G80 M09；

M30；

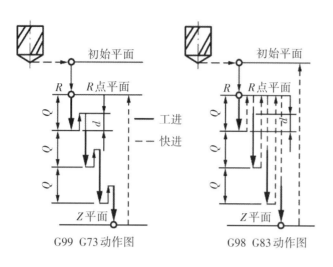

图2-3-15　G73与G83指令动作图

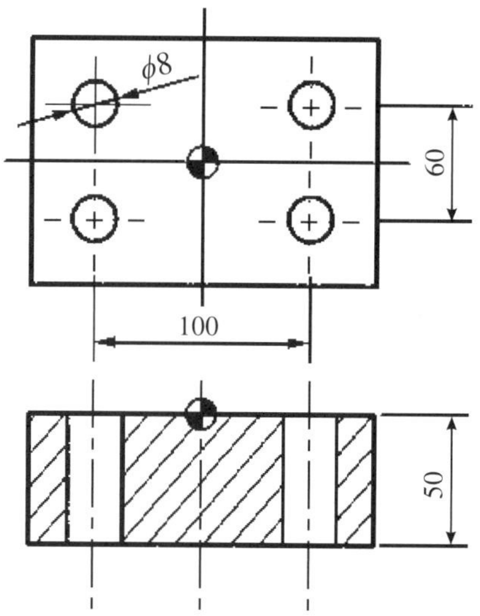

图2-3-16　G73与G83编程实例

（3）铰孔循环（G85）。

指令格式：

G85 X_ Y_ Z_ R_ F_;

指令动作：

如图2-3-17所示,执行G85固定循环时,刀具以切削进给方式加工到孔底,然后以切削进给方式返回到R点平面。该指令常用于铰孔和扩孔加工,也可用于粗镗孔加工。

例:试用G85指令编写如图2-3-18所示孔的数控铣床加工程序。

O0003

...

M03 S200;

M08;

G99 G85 X-30.0 Y0 Z-35.0 R3.0 F100;（注意校孔时切削用量的选择）

X30.0;

G80;

...

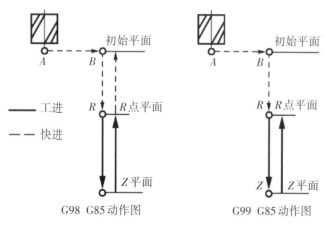

图2-3-17　G85指令动作图

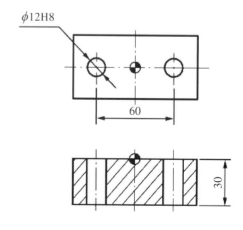

图2-3-18　G85指令编程实例

(4)粗镗孔循环(G86、G88和G89)。

粗镗孔指令除前面介绍的G85指令外,通常还有G86、G88、G89等,其指令格式与铰孔固定循环G85的指令格式相类似。

指令格式:

G86 X_ Y_ Z_ R_ P_ F_;

G88 X_ Y_ Z_ R_ P_ F_;

G89 X_ Y_ Z_ R_ P_ F_;

指令动作:

如图2-3-19所示,执行G86循环时,刀具以切削进给方式加工到孔底,然后主轴停转,刀具快速退到R点平面后,主轴正转。采用这种方式退刀时,刀具在退回过程中容易在工件表面划出条痕。因此,该指令常用于精度及粗糙度要求不高的镗孔加工。

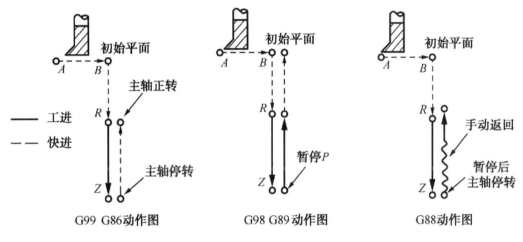

图 2-3-19　粗镗孔指令动作图

G89动作与前面介绍的G85动作类似,不同的是,G89动作在孔底增加了暂停,因此该指令常用于阶梯孔的加工。

G88循环指令较为特殊,刀具以切削进给方式加工到孔底,然后刀具在孔底暂停后主轴停转,这时可通过手动方式从孔中安全退出刀具。这种加工方式虽能提高孔的加工精度,但加工效率较低。因此,该指令常在单件加工中采用。

例:试用粗镗孔指令编写如图2-3-20所示2个$\phi30$ mm孔的数控铣床加工程序。

O00003

...

M03 S600 M08;

G98 G89 X0 Y-60.0 Z-105.0 R-27.0 F60;

G98 G89 X0 Y60.0 Z-60.0 R-27.0 P1000 F60;

G80 M09;

...

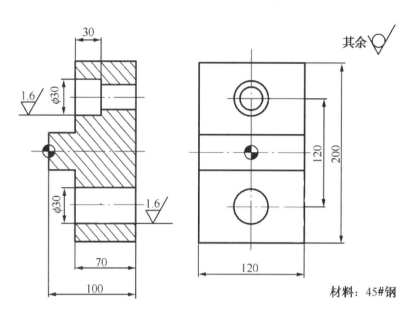

图 2-3-20　粗镗孔指令编程实例

(5)精镗孔循环(G76)与反镗孔循环(G87)。

指令格式:

G76 X_ Y_ Z_ R_ Q_ P_ F_;

指令动作:

如图 2-3-21 所示,执行 G76 循环时,刀具以切削进给方式加工到孔底,实现主轴准停,刀具向刀尖相反方向移动 Q,使刀具脱离工件表面,保证刀具不擦伤工件表面,然后快速退刀至 R 点平面或初始平面,刀具正转。G76 指令主要用于精密镗孔加工。

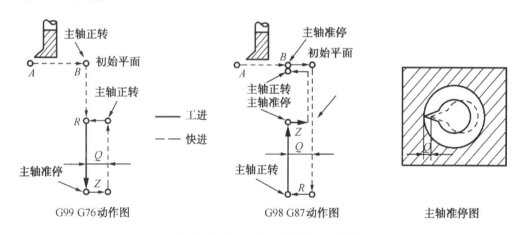

图 2-3-21　精镗孔指令动作图

执行 G87 循环时,刀具在 G17 平面内快速定位后,主轴准停,刀具向刀尖相反方向偏移 Q,然后快速移动到孔底(R 点),在这个位置,刀具按原偏移量反向移动相同的 Q 值,主轴正转并以切削进给方式加工到 Z 平面,主轴再次准停,并沿刀尖相反方向偏移 Q,快速提刀至初始平面并按原偏移量返回到 G17 平面的定位点,主轴开始正转,循环结束。G87 循环刀尖无须在孔中经工件表面退出,故加工表面质量较好,该循环常用于精密孔的镗削加工。

(6)刚性攻右旋螺纹(G84)与攻左旋螺纹(G74)。

指令格式:

G84 X_ Y_ Z_ R_ P_ F_;

G74 X_ Y_ Z_ R_ P_ F_;

注意:指令中的F是指螺纹的导程,单线螺纹则为螺纹的螺距。

指令动作:

如图2-3-22所示,G74循环为左旋螺纹攻丝循环,用于加工左旋螺纹。执行该循环时,主轴反转,在G17平面快速定位后快速移动到R点,执行攻丝到达孔底后,主轴正转退回到R点,主轴恢复反转,完成攻丝动作。G84与G74动作基本类似,只是G84用于加工右旋螺纹。执行该循环时,主轴正转,在G17平面快速定位后快速移动到R点,执行攻丝到达孔底后,主轴反转退回到R点,主轴恢复正转,完成攻丝动作。在指定G74前,应先进行换刀并使主轴反转。另外,在G74与G84攻丝期间,进给倍率、进给保持均被忽略。

刚性攻丝指定方式有以下3种:

①在攻丝指令段之前指定"M29 S_";

②在包含攻丝指令的程序段中指定"M29 S_";

③将系统参数"No.5200#0"设为1。

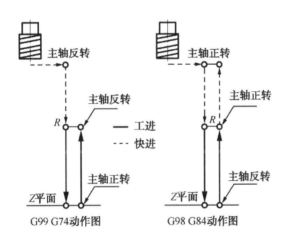

图2-3-22　G99 G74与G98 G84指令动作图

(7)取消固定循环指令(G80)。

指令格式:

G80;

指令动作:

执行该指令取消所有的固定循环,存储的钻孔数据也被清除。

三、课后一练

1.每天完成不少于5种常用编程指令格式与含义的记忆。

2.自己查资料,学习数控铣工基本编程的完整格式。

四、课后一想

1.如何正确运用所学指令进行编程训练?

2.结合课堂实际,试编写一个完整的程序。

项目三　岗位基础操作

任务一　安装、找正、定位与夹紧

任务二　系统操作面板的认识与操作

任务三　对刀的基本操作与刀补的认识

任务一 安装、找正、定位与夹紧

🎯 课程目标

知识目标

了解平口钳的安装与找正,以及工件的定位与夹紧。

技能目标

1.掌握平口钳的安装与找正。

2.掌握工件的定位与夹紧。

思政目标

养成良好的课堂纪律与职业素养。

🔒 一、知识引入

这里讲的安装与找正是针对平口钳而言的。平口钳的正确安装与找正,对工件的加工精度,尤其是对零件的几何形状精度影响极大。而定位的作用是保证工件在夹具中相对于铣床有一个正确的位置。夹紧是使这个正确的位置保持不变,从而保证零件的加工精度。

🔑 二、知识导学

(一)平口钳的安装与找正

平口钳是在铣床、钻床、磨床中用来夹持工件的铣床附件。

1.安装

(1)首先将平口钳的底部清理干净。清理时应把平口钳放在比安装面柔软的物体上,确保安装面不会受到损伤。

(2)如果安装面有划痕,要用油石打光,最后用手确认划痕是否被磨平。

(3)小心地将平口钳放在工作台上,检查底座上的定位键是否齐全,将定位键放入铣床工作台中间的T形槽中,用螺栓紧固。

2.找正

以往平口钳的找正方法除了用百分表(如图3-1-1所示)打表法校正外,还有使用划针校正、在卧式铣床上使用刀杆校正、使用直角尺校正等,但目前普遍使用百分表打表找正,精度会更高。下面针对百分表打表找正方法进行具体分析。

首先打开平口钳的钳口,然后将百分表吸附在主轴上,使百分表测量头与平口钳的固定钳口垂直接触,用手轮将其移动到平口钳的中间,之后沿Y轴的"-"方向移动工作台,使测量

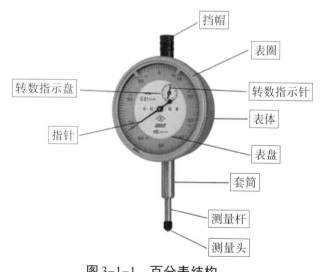

图3-1-1 百分表结构

挡帽

表圈

转数指示盘

转数指示针

表体

指针

表盘

套筒

测量杆

测量头

头接触钳口平面,测量杆压缩0.3~0.5 mm,再手动将工作台向X轴正方向移动,使百分表测量头从左向右移动,观察百分表的指针波动方向。如果指针逆时针波动,则表示平口钳向操作员左侧倾斜。这时,我们应该用一根铜棒敲击平口钳的左下角,敲击量为百分表波动量的一半。如果指针顺时针波动,则表示平口钳向操作员右侧倾斜。这时,我们用一根铜棒轻敲平口钳的右下部分,敲击量是百分表波动量的一半。重复移动调整,直到百分表指针不再波动或波动量为0.01 mm,则固定钳口平行于工作台的进给方向,以便在加工过程中获得良好的位置精度。固定钳口与工作台进给方向平行对齐后,用同样的方法手动移动主轴,校正固定钳口与工作台平面的垂直度,使百分表指针不波动或波动量为0.01 mm。

找正平口钳时注意事项:

(1)使用百分表时,必须小心轻放。不允许用仪表测量头直接撞击测量表面,以防损坏百分表。首先将百分表固定在磁力计底座上,然后移动工作台手柄,使百分表测量头慢慢接触被测表面。

(2)预紧时,紧固螺钉应沿对角线均匀拧紧,以防平口钳的位置因拧紧力不均匀而发生变化。

(二)工件的定位与夹紧

这里的定位与夹紧是针对工件而言的。工件在安装时的定位,就是使一批或一个工件在铣床加工时都能占据相同的位置,以保证工件相对刀具及成形运动处于准确的位置,而使被加工表面达到规定的位置精度。工件定位的实质就是要限制对加工有不良影响的自由度。无论工件的形状和结构怎么不同,它们的六个自由度都可以用六个支承点限制,只是六个支承点的分布不同罢了。用合理分布的六个支承点,限制工件六个自由度的法则,称为六点定则,又称作六点定位原理。支承点分布必须合理,否则六个支承点限制不了工件的六个自由度,或不能有效地限制工件的六个自由度。

1.工件的定位

(1)定位方法和定位元件。工件在定位时,与定位元件接触的表面称为定位基准。工件在夹具中定位,实际上就是确定工件上定位基准的位置。所以定位方法和定位元件的选用,主要取决于定位基准的形状、尺寸和精度要求,由此选择定位元件的结构形状、支承点数目和布置,以及如何保证工件稳定可靠,定位、误差最小。

①工件以平面定位。在零件装夹中,常用的平面定位元件有固定支承、可调支承、自位支承及辅助支承等。支承件可分为基本支承和辅助支承两类:前者是用来限制工件的自由度的,是具有独立定位作用的定位支承;后者是用来加强工件的安装刚度的,是不起定位作用的支承。

②工件以外圆柱面定位。在零件装夹中,常用于外圆柱表面的定位元件有定位套、支承板和V形块等。

③工件以孔定位。常用于圆孔表面的定位元件有定位销、刚性心轴和锥度心轴等。

④工件以特殊表面定位。特殊表面定位主要是指工件以中心孔、导轨面等定位。

(2)定位基准的选择原则。在零件加工的工艺过程中,合理选择定位基准对保证零件的尺寸和相互位置精度起着决定性的作用。定位基准有两种:一种是以毛坯表面作为基准面的粗基准;另一种是以已加工表面作为基准面的精基准。

在确定定位基准与夹紧方案时,应注意以下几点。

①力求设计基准、工艺基准与编程原点统一,以减少基准不重合误差和数控编程中的计算工作量。

②选择粗基准时,应尽量选择不加工表面或能牢固、可靠地进行装夹的表面,并注意粗基准不宜重复使用。

③选择精基准时,应尽可能采用设计基准或装配基准作为定位基准,并尽量与测量基准重合,基准重合是保证零件加工质量最理想的工艺手段。精基准虽可重复使用,但为了减少定位误差,仍应尽量减少精基准的重复使用。

④尽量减少装夹次数,尽可能做到一次定位装夹后能加工出工件上全部或大部分待加工表面,以减少装夹误差,提高加工表面之间的相互位置精度,充分发挥铣床的效率。

⑤避免采用占机人工调整式方案,以免占机时间太多,影响加工效率。

2.工件的夹紧

(1)对夹紧的基本要求。工件在铣床上或夹具中定位后均需进行夹紧,以防止在切削过程中工件因受到切削力、惯性力以及重力等外力的作用而离开其正确位置。若切削时工件松动或移动,不仅影响加工精度,而且可能带来人身安全隐患。因此,对夹紧及夹紧装置提出以下基本要求。

①夹紧时不应破坏工件在定位时所取得的正确位置。

②夹紧应可靠且适当,不能因外力变动而致工件产生位移、振动或变形。

③夹紧系统应操作安全、方便且省力,能够以较小的作用力获得满意的夹紧效果,并能在一定范围内调节。

④夹紧系统的复杂程度、工作效率和自动化程度应与生产规模相适应。

(2)夹紧力的确定。夹紧力的确定主要是指正确确定夹紧力的方向、作用点和大小。

①夹紧力方向的确定。

A.夹紧力的方向应垂直于主要定位基准面。一般来讲,工件的主要定位基准面的面积加大,精度较高,限制的自由度较大,夹紧力垂直作用于此面上,有利于保证工件的准确精度。主要定位基准面小,夹紧力的方向与工件切削力方向不一致,工件易产生位移。A为主要定位基准面,B为普通定位基准面,如图3-1-2所示。

B.夹紧力的方向应使工件产生的变形最小。

C.夹紧力的方向应有利于减小夹紧力。当夹紧力与切削力的方向相同时,所需的夹紧力最小。

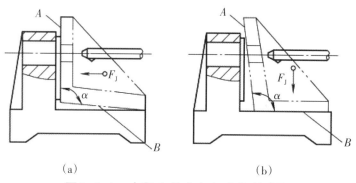

(a)　　　　　　　　　　(b)

图3-1-2　夹紧力的方向与定位基准面

②夹紧力的作用点。

夹紧力的作用点是指夹紧元件与工件相接处的一块小面积。选择夹紧力作用点的位置和数目,应考虑工件定位稳定可靠,防止夹紧变形,确保工序的加工精度。

A.夹紧力的作用点应能保持工件定位稳定,作用点应在支承范围之内(可加辅助支承),避免夹紧力与支承力构成力矩,导致工件产生位移或偏转。

B.夹紧力的作用点应选在工件刚性较强部位,使被夹紧工件的变形尽可能小。

C.夹紧力的作用点应尽量靠近切削部位,以提高夹紧的可靠性,若切削部位刚性差,可加辅助支承。增加工件加工部位刚性防止或减少振动的产生。

③夹紧力的大小。

确定夹紧力大小的原则是夹紧力既应足够大以防工件产生位移或振动,又应尽可能小以免工件发生夹紧变形。

✏️ 三、课后一练

1.平口钳的安装有哪些要点？打表法如何找正？

2.工件的定位基准选择原则有哪些？

👤 四、课后一想

找一找资料,说明内应力对零件加工精度的影响。

任务二　系统操作面板的认识与操作

🎯 课程目标

知识目标

熟悉系统操作面板各键的含义与作用。

技能目标

掌握系统操作面板的操作方式。

思政目标

养成良好的课堂纪律与职业素养。

🔒 一、知识引入

数控铣床操作面板是数控铣床的重要组成部件,是操作人员与数控铣床(系统)进行交互的工具,是数控铣床特有的一个输入、输出部件,操作人员可以通过它对数控铣床(系统)进行操作、编程、调试,对铣床参数进行设定和修改,还可以通过它了解、查询数控铣床(系统)的运行状态。数控铣床的类型和数控系统的种类有很多,各生产厂家设计的操作面板也不尽相同,但操作面板中各种旋钮、按钮和键盘的基本功能与使用方法大体相同。本节以FANUC Oi系统为例,简单介绍一下数控铣床的系统面板与控制面板上各个按键的基本功能与使用方法。

🔑 二、知识导学

(一)数控铣床操作面板的组成

数控铣床操作面板主要由显示装置、NC键盘(功能类似于计算机键盘的按键阵列)、铣床控制面板(machine control panel,MCP)、手持单元等部分组成。

1.显示装置

数控系统通过显示装置为操作人员提供必要的信息。根据系统所处的状态和操作命令的不同,显示的信息可以是正在编辑的程序、正在运行的程序、铣床的加工状态、铣床坐标轴的指令/实际坐标值、加工轨迹的图形仿真、故障报警信号等。

较简单的显示装备只有若干个数码管,只能显示字符,显示的信息也有限;较高级的系统一般配有CRT显示器或点阵式液晶显示器,一般能显示图形,显示的信息较为丰富。

2.NC键盘

NC键盘包括MDI键盘及软键功能键等。

MDI键盘一般具有标准化的字母、数字和符号(有的要通过上档键SHIFT实现),主要用于零件程序的编辑、参数输入、MDI操作及管理等。

功能键一般用于系统的菜单的操作。

3.铣床控制面板

铣床控制面板集中了系统的所有按钮(故可称为按钮站),这些按钮用于直接控制铣床的动作或加工过程,如启动、暂停零件程序的运行,手动进给坐标轴,调整进给速度等。

4.手持单元

手持单元不是操作面板的必需件,有些数控系统为方便操作人员使用配有手持单元,用于手摇方式增量进给坐标轴。手持单元一般由手摇脉冲发生器MPG、坐标轴选择开关等组成。

(二)系统面板的认识与操作

1.系统面板的组成

系统面板主要由数控系统CRT显示区与MDI面板区组成,如图3-2-1所示。

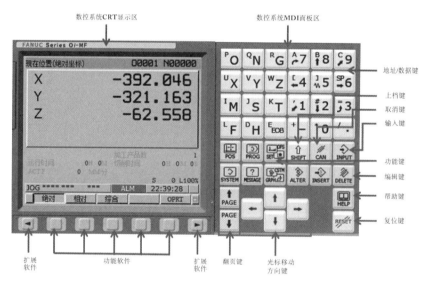

图3-2-1　FANUC Oi系列数控铣床系统面板

2.系统面板按键功能

系统面板各按键功能如表3-2-1所示。

表3-2-1　按键功能说明

序号	按键	名称	功能说明
1	POS	位置键	显示刀具的坐标位置
2	PROG	程序键	在"EDIT"模式下,显示存储器内的程序;在"MDI"模式下,输入和显示MDI数据;在"AUTO"模式下,显示当前待加工或者正在加工的程序
3	SET OFS	参数设定键	设定并显示刀具补偿值、工件坐标系及宏程序变量
4	SYSTEM	系统键	系统参数设定与显示,自诊断功能数据显示

续表

5		报警信息键	显示数控系统报警信息
6		图形显示键	显示刀具轨迹等图形信息
7		替换键	在"EDIT"模式下,替换光标所在位置的字符
8		插入键	在"EDIT"模式下,在光标后输入字符
9		删除键	在"EDIT"模式下,删除已输入的字符及CNC中存在的程序
10		帮助键	提供与系统相关的帮助信息
11		取消键	清除输入缓冲区的文字或者字符
12		输入键	在"MDI"模式下,输入加工参数等数值
13		上翻页键	向上翻页
14		下翻页键	向下翻页
15	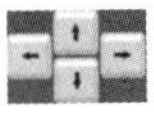	光标移动方向键	改变光标在程序中的位置
16		上档键	用于输入在上档位置的字符
17		分号键	在程序语句结束时输入语句结束符分号
18		复位键	用于所有操作停止和解除报警及CNC复位

(三)控制面板的认识与操作

1.控制面板的组成

控制面板的组成主要有急停开关、程序编辑开关、进给倍率开关、主轴倍率开关及程序操控、铣床操控等开关按键,如图3-2-2所示。

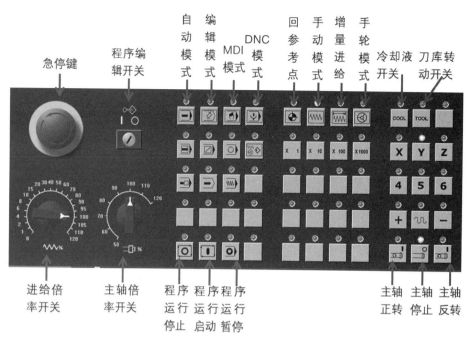

图3-2-2　控制面板

2.控制面板按键功能说明

控制面板的按键功能如表3-2-2所示。

表3-2-2　控制面板按键功能说明

序号	按键	名称	功能说明
1		单段执行	每按一次执行一条数控指令
2		跳段执行	在自动模式下按下此键,跳过程序段开头带有"/"的程序
3		程序停止	在自动模式下,遇有M00程序停止
4		程序重启	由于刀具破损等原因自动停止后,程序可以从指定的程序段重新启动
5		铣床锁开关	按下此键,铣床各轴被锁住
6		空运行	按下此键,各轴以固定的速度运动
7		手动移动各轴按钮	手动控制各轴,➕为轴正方向,➖为轴负方向,〰为快速倍率打开,手动移动速度加快
8		单步进给控制倍率	选择手动台面时每一步的距离。X1为0.001 mm,X10为0.01 mm,X100为0.1 mm,X1000为1 mm。置光标于旋钮上,单击鼠标左键选择

✏️ 三、课后一练

系统地完成一次程序的输入编辑,模拟自动运行。

四、课后一想

想一想,如何建立工件坐标系。

任务三　对刀的基本操作与刀补的认识

课程目标

知识目标

1.掌握刀具补偿的知识点。

2.掌握对刀的原理。

技能目标

掌握对刀的实操步骤。

思政目标

养成良好的课堂纪律与职业素养。

一、知识引入

对于一名数控铣床操作工来说,对刀是加工中的主要操作和重要技能。在一定条件下,对刀的精度可以决定工件的加工精度,同时对刀的效率直接影响数控加工效率。下面以FANUC Oi数控系统为例,论述数控铣床的对刀原理及方法。

(一)什么叫对刀

一般情况下,数控程序员根据图纸,选定一个便于编程的坐标系原点,这个原点称为程序原点,这个坐标系称为工件坐标系。程序原点一般与工件的工艺基准或设计基准重合,这个建立工件坐标系的过程叫对刀。也就是说,对刀就是为了在数控系统坐标系中建立工件坐标系,如图3-3-1和图3-3-2所示。数控铣床通电后,要进行回零操作,目的是建立数控铣床的位置测量、控制、显示的统一基准,这个基准点就是铣床原点,它的位置由铣床位置传感器决定,也就是由厂家设置,以它展开的这个坐标系叫铣床坐标系。对刀过程其实就是在铣床坐标系中找到一点作为工件坐标系原点的过程。

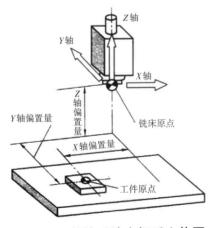

图3-3-1　数控系统坐标系立体图

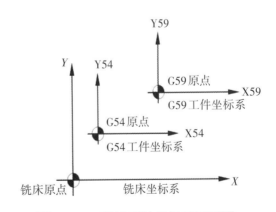

图3-3-2　数控系统坐标系平面图

(二)对刀方法

数控铣床对刀可分为两大类：一是用加工刀具直接试切对刀，这种对刀方法在数控铣床上应用得较少，只适用于来料为没有加工过的毛坯件；二是使用找正器等对刀工具来对刀，这种方法刀具不与工件直接接触，所以适用于来料经过粗加工或精加工的毛坯件和对已加工过的工件进行修复。下面论述使用找正器在数控铣床上对刀的几种方法。

1.常用找正器的种类

X、Y轴常用的找正器有标准验棒、偏心式找正器[如图3-3-3(a)所示]、光电式找正器[如图3-3-3(b)所示]、百分表及表架等，辅助工具有塞尺等。Z轴对刀使用工具有刀具长度测量仪、Z轴设定器[如图3-3-3(c)所示]、量块、塞尺等。

(a)机械偏心式寻边器　　　(b)光电式寻边器　　　(c)Z轴设定器

图3-3-3　找正器

2.使用偏心式找正器进行X、Y轴对刀的方法

(1)分中法，这种方法适用于程序原点在对称中心的工件。

①在刀柄上安装找正器，并将刀柄装入主轴，在"MDI"模式下运转主轴，转速为500 r/min。

②快速移动各轴，逐渐靠近工件，将找正器的测量部分靠近工件X的正方向表面，主轴沿X的负方向逐渐移动，使用手轮微量移动靠近工件，观察找正器状态：

a.未接触工件时，找正器下半部分偏摆不定。

b.接触工件后，随着距离的逐渐缩小，找正器的下半部分受到工件边缘的约束，偏摆幅度逐渐缩小，最后逐渐没有偏摆。

c.逐渐缩小移动倍率，找正器上半部分继续移动，超过相切的临界状态后，找正器的上下部分突然错开一段距离，如果当前挡位足够小(×1)，则记录下当前铣床坐标系X轴的数值。如果还在较大挡位(×10或×100)则退回未错位前的位置，缩小挡位继续靠近工件，直至确定发生偏移的精确值，即为$X1$。

③将主轴提起，Y轴不动，X轴移到工件的负方向表面。

④用同样的方法得到工件X的负方向表面铣床坐标系$X2$的值。

⑤计算$(X1+X2)/2$，将值输入"OFS/SET"中G54的X位置。

⑥用X轴的找正方法找正Y轴，得到$Y1$和$Y2$，并将$(Y1+Y2)/2$的值输入"OFS/SET中"键G54的Y位置。

此时工件的X、Y轴对刀完成。

(2)单边推算法，这种方法适用于程序原点位于工件边缘某一角的情况。

X、Y轴的找正过程：

①找正器的使用与分中法时相同。将找正器与工件X正方向的基准边对正，此时主轴的中心与基准边相差找正器工作部分的半径。

②按"OFS/SET"键，选择坐标系界面，光标指在G54 X处，输入$X-R$后按测量键，此时X轴对刀完成。(R为找正器工作部分半径)

用同样的方法可完成Y轴的对刀。

（3）圆柱形工件 X、Y 轴的对刀方法。

表面为圆柱形的工件程序原点一般在圆柱截面的中心，对刀时可以用分中法，方法与前面介绍相同，但只需要对三个点就可以解决，一个点可作为公共点。另外，也可以用百分表对刀。下面具体介绍一下方法。

①将圆柱形工件夹正，圆柱侧面与工作台垂直。

②将带有磁力表座的表架吸于主轴的轴头上，安装百分表，表的测量头指向要穿过工件的中心。

③用手转动表架，不断调整百分表与工件圆柱面的距离（可调表架和 X、Y 轴）。

④当测量头与工件表面完全接触后，只有指针摆动时，根据指针的偏转方向判断高低点，通过移动 X、Y 轴来调整。直至表架转动时指针不动或摆动极小时找正完成。

⑤此时主轴的中心与工件的中心同轴，选择坐标系界面，光标指在 G54 X 处，输入 X0 后按测量键，光标指在 G54 Y 处，输入 Y0 按测量键。X、Y 轴的对刀完成。

3. 数控铣床 Z 轴的对刀方法

Z 轴对刀是要确定当前加工刀具的刀尖在铣床坐标系中的位置，不能使用其他工具代替刀具来对刀。常用的对刀有两种：一是直接试切工件的上表面；二是借助于中间测量工具来对刀，如量块、塞尺、Z 轴坐标设定器等。

（1）用塞尺来对 Z 轴对刀的方法。上表面为 Z 向的对刀面。

①主轴停转，将刀具移动至工件正上方，用塞尺放于刀具和工件之间，刀具慢慢下移的同时塞尺要来回移动，调节刀具、塞尺、工件三者距离至塞尺移动时松紧合适。

②取出塞尺，读出当前铣床坐标系中 Z 值，并将 Z 值减去塞尺的厚度，将结果输入"OFS/SET"中 G54 的 Z 值中。Z 轴对刀完成。

（2）用 Z 轴坐标设定器对刀。

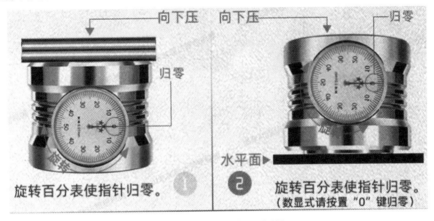

图 3-3-4　Z 轴设定器

这里以量表式为例说明：

①先按图 3-3-4 所示方式进行归零。

②主轴停止状态下，采用手轮方式慢慢靠近 Z 轴设定器正上方。

③当距离只有 1 cm 左右时，手轮挡位调低至 10 挡，精度要求更高时，最后可以调至 1 挡，碰到设定器上表面为止。

④继续下调至刚才归零处位置，并使指针归零，然后按"OFS/SET"键，选择坐标系界面，光标指在 G54 Z 处，输入 Z50 按测量键，此时 Z 轴对刀完成。

（三）刀具补偿的认识

1. 刀具半径补偿指令（G41、G42、G40）

在进行零件程序编写中，由于我们都是直接按点的位置，用相应指令（直线或曲线命令）来编写的，但实际中刀具总有一定的半径，若刀具中心点沿零件轮廓点去加工，势必会导致最后加工出来的零件尺寸偏小，而且偏小的部分，刚好就是刀具半径的距离。所以在编写程序时，就需要把这个刀具半径距离值加到每个零件位置点中去，若每个点都加，会变得很烦琐，而且容易遗忘。但采用刀具半径补偿就能很好地解决这个问题。

在进行外轮廓加工时，刀具中心要偏离零件的外轮廓一个刀具半径值。这种偏移称为刀具半径补偿，如图3-3-5所示。

（1）刀具半径补偿建立（G41/G42）。

指令格式：G01/G00 G41/G42 X_Y_D_;

（2）刀具半径补偿取消（G40）。

指令格式：G01/G00 G40 X_Y_;

说明：

①G41/G42表示刀具半径左/右补偿。

②D后面数值为半径补偿号，一般与刀具号对应。

③X_Y_表示刀具到达此目标点后，刀具半径补偿功能建立。

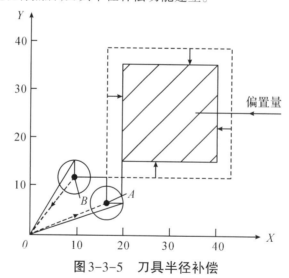

图3-3-5　刀具半径补偿

刀具补偿值是在按"OFS/SET"键时，选里面的刀偏自己设定的。设定好后，系统会在读到指令时自动补偿。编程人员只需要在程序中指明需要在何处进行刀具补偿，确定所进行的是左刀补还是右刀补。根据ISO规定，朝着刀具进给方向看，当刀具中心轨迹在工件轮廓左侧时为刀具半径左补偿（简称左刀补），反之为刀具半径右补偿（简称右刀补）。判断方法如图3-3-6所示。

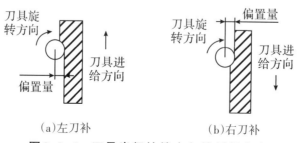

（a）左刀补　　　　　　　（b）右刀补

图3-3-6　刀具半径补偿方向的判断方法

2.刀具半径补偿的实施过程

刀具半径补偿的实施过程包括刀补的建立、刀补的进行和刀补的撤销三个步骤。

（1）刀补的建立。在刀具由起刀点 O 接近工件的过程中建立刀补，执行本程序段后，刀具中心轨迹的终点不在下一段程序指定轮廓的起点，而是在法向方向上偏移一个偏置量的距离，到达图中的 A 点。

（2）刀补的进行。建立刀补后，刀补状态将一直维持到刀补取消。在刀补进行期间，刀具中心轨迹始终偏离编程轨迹一个偏置量的距离。

（3）刀补的撤销。刀具最好先撤离工件，比如抬刀后再取消。刀具中心自动回到实际坐标点。

（四）刀具长度补偿（G43、G44、G49）

FANUC Oi-MC 系统具有刀具长度补偿功能，选择一把刀具作为基准刀具，当更换新刀具、刀具磨损或刀具安装有误差时，刀具的实际长度与基准刀具不一致，通常将实际刀具长度与基准刀具长度之差作为偏置值设定在偏置存储器中，编程时即可按照基准刀具进行。

用 G43 或 G44 指定补偿方向，由 H 地址代码从偏置存储器中选择刀具长度补偿值。

1.刀具长度补偿建立（G43/G44）

指令格式：G01/G00 G43/G44 Z_H_；

说明：

（1）采用 G43 指令时，刀具运动的实际终点坐标 Z 为程序中的终点坐标值与长度补偿量之和；采用 G44 指令时，刀具运动的实际终点坐标 Z 为程序中的终点坐标值与长度补偿量之差。

（2）H 后面的数值为长度补偿号，一般与刀具号对应。

（3）所有其他刀具都以基准刀具作为零点进行长短正负补偿。（长正短负）

2.刀具长度补偿取消（G49）

指令格式：G01/G00 G49 Z_；

（五）刀具半径补偿注意点说明

（1）G41 和 G42 不能和 G02、G03 一起使用，只能与 G00 或 G01 一起使用，且刀具必须移动（即刀具半径补偿指令，必须在前一程序段建立）。

（2）程序编制时，程序中只给予刀具半径补偿号，如 D01、D02……每一个刀具半径补偿号均代表一个补偿值，此补偿值可由参数设定为铣刀的直径或半径值（使用上，一般皆设定成铣刀的半径值），而铣刀半径值是加工时，预先由操作者键入到控制系统的刀具补偿号的界面中相对应的号码内的。

（3）补偿值的正负号改变时，G41 及 G42 的补偿方向会改变。如 G41 指令输入正值时，其补偿方式为左补偿；若输入负值时，其补偿方式为右补偿。同理，G42 输入正值时，其补偿方式为右补偿；若输入负值时，其补偿方式为左补偿。由此可见，当补偿值符号改变时，G41 与 G42 的功能刚好互换。所以一般键入补偿值（即铣刀半径值），采用正值较合理。

（4）当程序处于刀具半径补偿（模态指令）状态时，若加入 G28、G29、G92 指令，当这些指令被执行时，刀具半径补偿状态将暂时被取消，但是控制系统仍记着该补偿状态，因此当执行下一程序段时，又自动恢复补偿状态。

（5）当实施刀具半径补偿功能，待加工完成后须以 G40 将补偿状态取消，使铣刀的中心点回复至实际的坐标点上。亦即执行 G40 指令时，系统会将向左或向右的补偿值，往相反的方向释放，因此，铣刀会移动一个铣刀半径值。所以使用 G40 的时候，最好是铣刀已远离工件。

三、课后一练

1.按照对刀操作方法进行练习。

2.刀具补偿有哪几种？都是什么格式？刀具补偿要注意哪几点？

四、课后一想

查资料,思考如何使用光电式找正器与Z轴设定器对刀?

项目四　岗位操作的基础练习

任务一　手动铣削长方形

任务二　五角星的编程与加工（G01）

任务三　莲花图案的制作（G02、G03）

任务四　普通孔的加工（G81、G83）

任务五　螺纹孔的加工（G84）

任务六　极坐标指令（G15、G16）

任务七　镜像指令（G51.1、G50.1）

任务八　坐标旋转指令（G68、G69）

任务九　简单宏程序语句的应用

任务一 手动铣削长方形

课程目标

知识目标

1.掌握铣床各手动功能按键的功用。

2.掌握铣床显示各坐标的作用。

技能目标

1.掌握平面铣刀的用法。

2.掌握手轮的操作方式。

3.熟悉铣床 X、Y、Z 轴的运动正负方向。

思政目标

养成追求实事求是、精益求精的学习精神。

一、知识引入

一天,车间里铣工组组长赵师傅为培养刚进厂里的小徐操作铣床的能力,并看看他在学校里所学技能的水平,让他在手动状态下先操作完成如图4-1-1所示长方形图案的铣削任务。让我们也一起来试着操作一下,看看能否完成。

例:如图4-1-1所示,已知材料为2A11的硬铝,毛坯尺寸为90 mm×68 mm×20 mm,请根据图纸尺寸,选用手动方式在上表面铣出88 mm×66 mm×5 mm的凸台,表面粗糙度要求达到 Ra 3.2 μm。

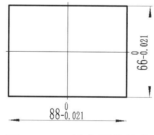

图4-1-1 长方形外轮廓

二、知识导学

（一）选用合适刀具、夹具、工量具等,并选择合适的切削参数

加工工艺参考如表4-1-1所示。

表4-1-1 加工工艺参考

选用刀具			
名称	平面盘铣刀	圆柱立铣刀	倒角刀
用途	铣平面	铣侧面、底面	边倒角

选用夹具						
名称	精密平口钳					
用途	小型工件的平行面安装与夹持					
选用量具	游标卡尺图		外径千分尺图		深度游标卡尺图	
名称	游标卡尺		外径千分尺		深度游标卡尺	
用途	粗量毛坯与粗加工后尺寸		量取外轮廓尺寸		测量深度尺寸	
切削用量	粗加工	$\phi80$ mm平面盘铣刀		$\phi10$ mm立铣刀		$\phi8$ mm倒角刀	
		主轴转速n	800 r/min	主轴转速n	1200 r/min		
		侧吃刀量a_e	70 mm	侧吃刀量a_e	4 mm		
		背吃量a_p	1 mm	背吃量a_p	4.5 mm		
		进给速度f	500 mm/min	进给速度f	150 mm/min		
	精加工	主轴转速n	1000 r/min	主轴转速n	1500 r/min	主轴转速n	5000 r/min
		侧吃刀量a_e	70 mm	侧吃刀量a_e	0.5 mm	侧吃刀量a_e	0.5 mm
		背吃量a_p	0.5 mm	背吃量a_p	0.5 mm	背吃量a_p	0.5 mm
		进给速度f	300 mm/min	进给速度f	100 mm/min	进给速度f	1000 mm/min

（二）操作步骤

1.检查毛坯

目测检查毛坯的形状和表面质量。如各面之间是否基本平行、垂直，表面是否有无法通过铣削加工的凹陷、硬点等。用游标卡尺检验毛坯的尺寸，并结合各毛坯面的垂直和平行情况，测量最短的尺寸，以检验坯件是否有加工余量。

2.安装精密平口钳

安装前，先将平口钳的底面与工作台面擦干净，若有毛刺、凸起，应先打磨平整。将平口钳安装在工作台中间的T形槽内，并用手拉动钳体底盘，使定位键向T形槽直槽一侧贴合。用T形螺栓将平口钳预压紧在工作台面上，并用打表法找正平口钳的正确位置。一般使固定钳口面平行于数控铣床的XZ面（以立式数控铣床为例），最后旋紧平口钳固定螺母，并打表再检验一次。

3.装夹和找正工件

工件下面加垫长度大于70 mm、宽度小于50 mm的平行垫块，使其高度在保证工件上平面高于钳口的距离大于需加工外轮廓最大深度。粗铣时在垫块和钳口处衬垫铜片。工件夹紧以后，用锤子轻轻敲击工件，并拉动垫块检查下平面是否与垫块贴合。

4.盘铣刀粗精铣上表面

把盘铣刀按刀具安装步骤装于铣床上，在"MDI"模式下，输入指令M03S800（即按事先选定好的工艺参数）后按循环启动按钮，启动主轴。再调到手轮模式，选择X100挡位，快速移动盘铣刀至长方形毛坯右上角，初始位置可以自己定，但最好是角点，以便盘铣刀Z向背吃刀量的手动调试，下调Z轴，手轮挡位调为X10挡。用试切法对好盘铣刀Z向零点位置，然后将刀具水平移开工件位置，用手轮调节粗铣平面深度1 mm进行左右或者前后粗铣，如果从较优加工工艺考虑的话，铣的进给方向最好与平口钳垂直。铣完后直接下刀0.5 mm进行精铣。

5.对刀

应用试切法对刀,并把工件坐标系原点设置在工件几何中心,也可以设置到工件角点。

6.手动方式粗精铣外轮廓

安装好φ10 mm立铣刀,运用手轮手摇方式下刀,看着系统显示的工件坐标,先以X100挡的倍率手摇靠近切入点,再由快调慢到X10挡,按给定的工艺参数手动切除加工余量。除了进给速度因为手摇会有变化不能稳定外,其他参数按实际给定数值进行铣削长方形外轮廓,如图4-1-2所示。粗加工完成后对加工后的余量进行实际测量,包括外轮廓和深度都要测量,这点非常重要。再用同样的方式靠近工件,结合粗加工余量并调整切削参数,完成精铣外轮廓,最后进行尺寸检验,来确定尺寸是否合格。

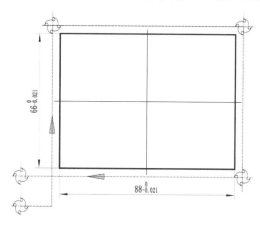

图4-1-2 手动方式粗精铣外轮廓

🔒 三、学后评价

学后评价,如表4-1-2所示。

表4-1-2 学后评价

任务名称	手动铣削长方形	姓名			
序号	评价内容	要求	自评	互评	总评
1	知识	工量具的正确使用			
2	技能	操作铣床,手动铣削长方形,尺寸精度的控制			
3	思政	你在课堂上的各类表现			
综合评价					

✏️ 四、课后一练

1.完成游标卡尺、千分尺的读数练习。

2.完成一次平口钳的正确安装操作并用打表法找正。

📋 五、课后一想

1.为什么铣削长方形还用手动操作? 如果使用编程自动加工如何操作与实施?

2.一个完整的编程包括哪些内容?

3.铣床各轴的运动如何用指令来控制?

图4-1-3 红五角星

4.如何通过编程中的各参数值来控制工件的加工精度？

5.自动加工有什么优点？

6.如果让你加工出一个如图4-1-3所示的红五角星,应该如何编程？并如何加工出来？

任务二 五角星的编程与加工(G01)

课程目标

知识目标

1.掌握G01指令的格式与用法。

2.掌握手动编程的具体步骤及要领。

技能目标

1.掌握编程图形节点的基本计算方法。

2.掌握直线轮廓的编程。

3.熟悉铣床 X、Y、Z 轴的运动正负方向。

思政目标

1.让学生掌握五星红旗中五角星的含义,培养学生的爱国情怀。

2.养成良好的课堂习惯与组织纪律。

一、知识引入

对我们中国人来说,对五角星的第一印象就是五星红旗中的五角星。中华人民共和国国旗旗面为红色象征革命。旗上的五颗五角星及其相互关系象征共产党领导下的革命人民大团结。五角星用黄色是为了在红地上显出光明,四颗小五角星各有一尖正对着大星的中心点,这是表示围绕着一个中心而团结,在形式上也显得紧凑美观。了解了五星红旗的含义后,接下来我们来讨论如何编写一个完整的五角星,如图4-2-1所示。

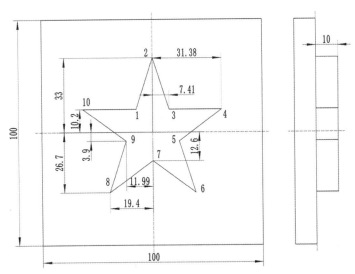

图4-2-1 五角星图案

G01指令格式:G17 G01 X_ Y_ F_;含义:在 XY 平面内进行直线插补指令或者可以理解为直线进给,直线切削指令。关键在于自己能够知道是刀具走直线指令,具体记什么名不是重点。X_Y_是正在编写直线的末点坐标点,F是进给速度,默认单位是mm/min。毛坯尺寸为100 mm×100 mm,所以图中100 mm×100 mm没有深度要求。

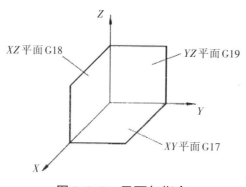

图4-2-2　平面与指令

指令说明:

(1)G17表示选择XY平面;

(2)G18表示选择XZ平面;

(3)G19表示选择YZ平面。

平面的实体对照可以参考图4-2-2。对于三坐标联动的铣床和加工中心,常用这些指令确定铣床在哪个平面内进行插补运动。

☛ 二、知识导学

(一)选用合适刀具、夹具、工量具等,并选择合适的切削参数

具体情况如表4-2-1所示。

表4-2-1　五角星轮廓加工工艺参考

选用刀具			
名称	平面盘铣刀	圆柱立铣刀	倒角刀
用途	铣平面	铣侧面、底面	边倒角
选用夹具			
名称	精密平口钳		
用途	小型工件的平行面安装与夹持		
选用量具			
名称	游标卡尺	外径千分尺	深度游标卡尺
用途	粗量毛坯与粗加工后尺寸	量取外轮廓尺寸	测量深度尺寸
切削用量	粗加工	ϕ80 mm平面盘铣刀		ϕ10 mm立铣刀		ϕ8 mm倒角刀
		主轴转速n	800 r/min	主轴转速n	3500 r/min	
		侧吃刀量a_e	70 mm	侧吃刀量a_e	4 mm	

	背吃量 a_p	1 mm	背吃量 a_p	4.5 mm		
	进给速度 f	500 mm/min	进给速度 f	500 mm/min		
精加工	主轴转速 n	1000 r/min	主轴转速 n	4500 r/min	主轴转速 n	5000 r/min
	侧吃刀量 a_e	70 mm	侧吃刀量 a_e	0.5 mm	侧吃刀量 a_e	0.5 mm
	背吃量 a_p	0.5 mm	背吃量 a_p	0.5 mm	背吃量 a_p	0.5 mm
	进给速度 f	500 mm/min	进给速度 f	300 mm/min	进给速度 f	1000 mm/min

（二）操作步骤

（1）检查毛坯。

（2）安装精密平口钳。

（3）装夹和找正工件。

（4）盘铣刀粗精铣上表面。

（5）对刀并建立工件坐标系。

（6）编程并模拟。

分析图纸，根据实际工艺要求编写程序，在铣床锁住状态下完成程序的模拟加工，检查程序的正确性，参考程序如表4-2-2所示。

表4-2-2　五角星程序参考

序号	O0001	程序解释
N10	G54 G90 G40 G49 G80 G69 G21 G17;	第一工件坐标系，绝对坐标编程方式，取消刀具半径补偿，取消刀具长度补偿，取消钻孔循环，取消坐标旋转方式，选用公制形式，在XY平面内编程
N20	G00 Z100;	刀具Z向快速点定位至Z100安全高度，按个人使用习惯可以改这个参数值，但必须有安全距离
N30	M03 S3500;	主轴正转，转速为3500 r/min
N40	G00 X-60 Y20;	快速点定位至工件坐标点（X-60Y20）
N50	G00 Z10;	Z向快速下刀至Z10高度，做好准备下刀动作，进一步确定工件坐标系，保证位置的正确性
N60	M08;	液状冷却剂开，有些铣床用的M07是雾状冷却剂，但选用M07或M08和系统梯程序中的编程有直接关系，使用者可以先用单段指令试下是哪个指令出冷却液
N70	G01 Z-5 F50;	粗加工轮廓分两刀走，精加工一刀走，深度直接可以到-10。下刀速度F=50 mm/min，初次编程必须要慢点，以安全为主，熟悉后可根据实际情况稍加调整
N80	G41G01Y10.2D01F500;	建立刀具半径补偿，使用1号刀补，进给速度为F=500 mm/min
N90	G01X-7.41;	刀具直线切削移动至第1点
N100	G01X0Y33;	移动至第2点
N110	G01X7.41Y10.2;	移动至第3点
N120	G01X31.38;	移动至第4点
N130	G01X11.99Y-3.9;	移动至第5点
N140	G01X19.4Y-26.7;	移动至第6点
N150	G01X0Y-12.6;	移动至第7点
N160	G01X-19.4Y-26.7;	移动至第8点
N170	G01X-11.99Y-3.9;	移动至第9点

N180	G01X−31.38Y10.2;	移动至第10点
N190	G01Y12;	刀具继续上移动一点距离,形成封闭轮廓
N200	G00Z100;	完成轮廓加工后立即抬刀至安全高度Z100
N210	G40 G00 X0 Y150;	抬刀后取消刀具补偿(注:抬刀后取消刀具补偿习惯可以避免在原地或平面内取消时刀具移动对工件产生破坏的可能性)。X0Y150作用是把工件快速移动到一个可以目测和用量具测量尺寸的方便位置
N220	M30;	程序结束,铣床停止动作(包括冷却液关、主轴停止等),光标自动移动到程序头,方便下一次循环加工开始

注:本书编程都是以FANUC Oi系列系统作为参照编写,坐标后数值单位为mm,有些铣床单位默认为μm,这个可以调整参数的设定。把3401#0(DPI)参数改成1就行。以上为粗加工程序,每层深度可以根据实际加工情况自行更改,粗加工后余量与精加工参数根据上表作为参考进行改变,程序可以不变。程序中没有加刀具号,默认为当前主轴上安装的使用刀具。

🔓三、学后评价

请对课堂学后进行评价,如表4-2-3所示。

表4-2-3　技能训练学后评价

序号	评价内容	任务开始时间		班级		
		任务结束时间		姓名		
		要求		自评	互评	总评
1	工作服	干净整洁				
2	工量具使用规范	正确使用并使用规范,摆放整齐				
3	夹具安装与找正	方法正确,安装面水平度与垂直度符合要求				
4	刀具安装	方法正确				
5	铣床操作规范	符合操作流程与规范要求				
6	程序编写	校验后程序正确				
7	加工尺寸与形状精度	和图纸尺寸与形状相符合并达到要求				
8	加工表面质量	按表面粗糙度进行对比				
9	健康与安全	身体有无损伤				
10	工作效率与6S工作	是否超时,是否做好工位打扫整理与清理等				
每项10分,共100分				最后总评分		

✏️四、课后一练

写出下列指令的含义。

G54_____　G90_____　G80_____　G40_____　G69_____　G17_____

G00_____　G01_____　M03_____　G41_____　S_____　F_____　M30_____

🛠️五、课后一想

编写如图4-2-3所示带正八边形图案的程序。

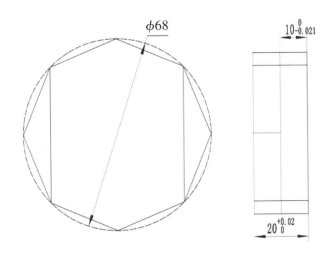

图4-2-3 带正八边形图案

任务三 莲花图案的制作(G02、G03)

课程目标

知识目标

1.掌握G02、G03指令的编程格式与用法。

2.掌握手动编程的具体步骤及要领。

技能目标

1.掌握圆弧轮廓的编程。

2.熟悉铣床的操作。

思政目标

1.让学生熟悉莲花的含义,培养学生热爱学校的莲文化。

2.让学生养成良好的课堂习惯与组织纪律。

一、知识引入

周敦颐在《爱莲说》中写道:"予独爱莲之出淤泥而不染,濯清涟而不妖,中通外直,不蔓不枝,香远益清,亭亭净植,可远观而不可亵玩焉。""莲,花之君子者也。"无数文人墨客为莲花写下赞誉的文字,甚至把自己比作莲花,可见人们对莲花的喜爱。柯桥职业教育中心有一片荷塘,并衍生出了"莲文化",学校努力培养莲一样的优秀人才。那么如何用数控铣床来加工一个如图4-3-1所示的莲花图案呢? 这就要用到G02,G03指令了。接下来我们一一来学习。

图4-3-1 莲花图案

G02、G03的简单格式,以默认XY平面为例:

顺时针圆弧插补G02 X_ Y_ R_ F_;逆时针圆弧插补G03 X_ Y_ R_ F_;如图4-3-2所示。X_ Y_为当前圆弧末点坐标,R为圆弧半径,F为进给速度,默认为mm/min。不使用R半径的编程方式,而用I、J、K的增量方式在这里不做重复介绍,可以参考项目二中所述内容。

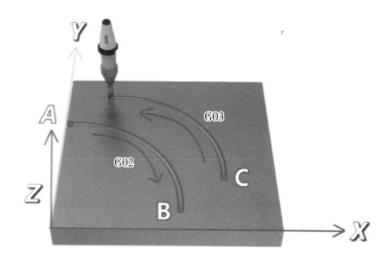

图 4-3-2　G02 与 G03 指令实体模拟图

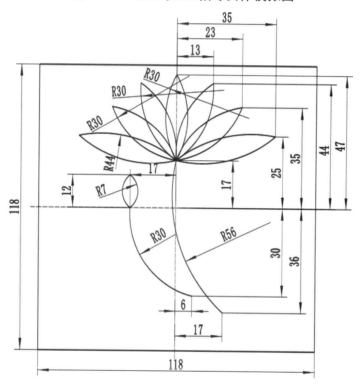

图 4-3-3　莲花图案

要求：根据图 4-3-3 所示，加工莲花图案深度为 3，只需要用 6 mm 的刀具走出图案即可，除外轮廓 118 × 118 外，无须用刀具半径补偿指令。刀角刀也只需对 118 × 118 外形进行修边即可，无须修边莲花部分。毛坯为 120 × 120 × 10 的硬铝块。

🔑 二、知识导学

（一）选用合适刀具、夹具、工量具，并选择合适的切削参数

具体情况如表 4-3-1 所示。

表4-3-1 加工工艺参考表

选用刀具						
名称	平面盘铣刀		圆柱立铣刀		倒角刀	
用途	铣平面		铣侧面、底面		边倒角	
选用夹具						
名称	精密平口钳					
用途	小型工件的平行面安装与夹持					
选用量具						
名称	游标卡尺		外径千分尺		深度游标卡尺	
用途	粗量毛坯与粗加工后尺寸		量取外轮廓尺寸		测量深度尺寸	

切削用量		φ80 mm平面盘铣刀		φ6 mm立铣刀		φ8 mm倒角刀	
	粗加工	主轴转速 n	800 r/min	主轴转速 n	3500 r/min		
		侧吃刀量 a_e	70 mm	侧吃刀量 a_e	3 mm		
		背吃量 a_p	1 mm	背吃量 a_p	2.5 mm		
		进给速度 f	500 mm/min	进给速度 f	200 mm/min		
	精加工	主轴转速 n	1000 r/min	主轴转速 n	4500 r/min	主轴转速 n	5000 r/min
		侧吃刀量 a_e	70 mm	侧吃刀量 a_e	0 mm	侧吃刀量 a_e	0.5 mm
		背吃量 a_p	0.5 mm	背吃量 a_p	0.5 mm	背吃量 a_p	0.5 mm
		进给速度 f	500 mm/min	进给速度 f	150 mm/min	进给速度 f	1000 mm/min

注:因φ6刀具比较细,学生操作加工时视情况自行调整转速和进给倍率,以防止断刀。装夹刀头时在加工深度允许范围内,尽量少伸出非刀刃部分。

(二)操作步骤

(1)检查毛坯。

(2)安装精密平口钳。

(3)装夹和找正工件。

(4)盘铣刀粗精铣上表面。

(5)对刀并建立工件坐标系。

(6)编程并模拟。

分析图纸,根据实际工艺要求编写程序,在铣床锁住状态下完成程序的模拟加工,检查程序的正确性,参考程序如表4-3-2所示。

表4-3-2 程序参考

序号	O0001	程序解释
N10	G54 G90 G40 G49 G80 G69 G21 G17;	第一工件坐标系,绝对坐标编程方式,取消刀具半径补偿,取消刀具长度补偿;取消钻孔循环,取消坐标旋转方式,选用公制形式,在 XY 平面内编程

N20	G00Z100;	刀具Z向快速点定位至Z100安全高度,按个人使用习惯可以改这个参数值,但必须有安全距离
N30	M03S3500;	主轴正转,转速S=3500 r/min
N40	G00X17Y-36;	快速点定位至工件坐标点(X17Y-36),正是莲花柄下端处,准备下刀
N50	G00Z10;	Z向快速下刀至Z10高度,做好准备下刀动作,进一步确定工件坐标系建立位置的正确性
N60	M08;	液状冷却剂开,有些机床用的M07是雾状冷却剂,但这个指令选用方式用M07或M08和系统梯程序中的编程有直接关系,使用者可以先用单段指令试下是哪个指令出冷却液
N70	G01Z-2.5F50;	粗加工2.5深度,留精加工余量0.5,下刀速度F=50 mm/min,初学者编程必须慢点,熟悉后可根据实际情况稍加调整,尽量先慢点,以安全为主
N80	G02X0Y17R56F200;	用顺时针圆弧指令G02加工R56莲花柄,进给速度为F=200 mm/min
N90	G02X35Y25R44;	加工最右端莲花瓣上半弧
N100	G02X0Y17R44;	加工最右端莲花瓣下半弧
N110	G02X23Y35R30;	加工右端倒数第二个莲花瓣上半弧
N120	G02X0Y17R30;	加工右端倒数第二个莲花瓣下半弧
N130	G02X13Y44R30;	加工右端倒数第三个莲花瓣上半弧
N140	G02X0Y17R30;	加工右端倒数第三个莲花瓣下半弧
N150	G02X0Y47R30;	加工中间莲花瓣左半弧
N160	G02X0Y17R30;	加工中间莲花瓣右半弧
N170	G02X-13Y44R30;	加工左端第三个莲花瓣下半弧
N180	G02X0Y17R30;	加工左端第三个莲花瓣上半弧
N190	G02X-23Y35R30;	加工左端第二个莲花瓣下半弧
N200	G02X0Y17R30;	加工左端第二个莲花瓣上半弧
N210	G02X-35Y25R44;	加工左端第一个莲花瓣下半弧
N220	G02X0Y17R44;	加工左端第一个莲花瓣上半弧
N230	G01Z5;	第一个莲花加工完成后抬刀,准备移动刀具至下一个加工点
N240	G00X6Y-30;	移动刀具至未开放莲花苞柄下端处,准备下刀
N250	G01Z-2.5F50;	下刀
N260	G02X-17Y0R30;	加工莲花苞柄
N270	G02X-17Y12R7;	加工莲花苞左半弧
N280	G02X-17Y0R7;	加工莲花苞右半弧
N290	G01Z5;	这里先使用慢速抬刀,离开已加工表面,以免直接快速抬刀划伤已加工表面
N300	G00Z100;	快速抬刀至安全高度Z100
N310	G00X0Y150;	把工件快速移动到一个可以目测和用量具测量尺寸的方便位置
N320	M30;	程序结束,机床停止动作(包括冷却液关、主轴停止等),光标自动移动到程序头,方便下一次循环加工开始

说明:

(1)以上只是加工莲花图案的粗加工程序,精加工只需修改加工参数,无须修改程序。外轮廓118×118程序内容请学生根据已学指令自行思考完成。

(2)学生学会下刀点位置和工件坐标零点位置后,可以根据实际需要自行进行修改调整,也可以使用G03指令加工,看编程走刀顺序。但如果是加工内外轮廓图形,而非直接轮廓上走图形的情况,粗加工时最好选用顺铣。

(3)加工工艺参数也可以根据铣床情况自行调整。

（4）初学者以安全为要,学会为先,切勿盲目操作乱改参数。

（5）养成先编程,再模拟,后对刀的习惯,以防模拟后未回所有轴直接加工,造成撞刀事件。

（6）每个学生一定要亲自尝试从安装平口钳找正开始到加工结束的所有过程,可以通过组内轮换分工,多次课堂完成。

三、学后评价

技能训练学后评价如表4-3-3所示。

表4-3-3　技能训练学后评价

序号	评价内容	任务开始时间		班级		
		任务结束时间		姓名		
		要求		自评	互评	总评
1	工作服	干净整洁				
2	工量具使用规范	正确使用并使用规范,摆放整齐				
3	夹具安装与找正	方法正确,安装面水平度与垂直度符合要求				
4	刀具安装	方法正确				
5	铣床操作规范	符合操作流程与规范要求				
6	程序编写	校验后程序正确				
7	加工尺寸与形状精度	和图纸尺寸与形状相符合并达到要求				
8	加工表面质量	按表面粗糙度进行对比				
9	健康与安全	身体有无损伤				
10	工作效率与6S工作	是否超时,是否做好工位打扫整理与清理等				
每项10分,共100分			最后总评分			

四、课后一练

1.用CAXA电子图版创作一幅图,要包含G02与G03指令的圆弧元素。

2.完成如图4-3-4所示飞镖的编程,并在下次练习课上进行模拟程序与加工。

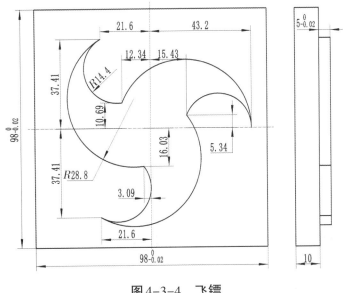

图4-3-4　飞镖

五、课后一想

孔类零件加工应该如何编程？请预习"普通孔的加工(G81、G83)"这一节,了解G81、G83指令的含义。

任务四　普通孔的加工(G81、G83)

课程目标

知识目标

1.掌握G81、G83指令的编程格式与用法。

2.了解孔的分类和基本加工工艺。

技能目标

1.掌握普通孔的加工。

2.熟练铣床的操作。

思政目标

1.让学生体会工匠精神,培养学生的大国制造情怀。

2.让学生养成良好的课堂习惯与组织纪律。

一、知识引入

如图4-4-1所示,模具零件中有许多的孔,这些孔的加工离不开铣床,大部分企业现在都引进了数控铣床,大大提高了零件的加工效率、加工精度和生产力。那像这种孔用数控编程如何才能完成加工呢？接下来我们一一分析。

图4-4-1　模具零件

二、知识导学

(一)孔的基础知识

任何一种机器,没有孔是做不成的。把零件连接起来,需要各种不同尺寸的螺钉孔、销钉孔或铆钉孔;为了把传动部件固定起来,需要各种安装孔;机器零件本身也有许多各种各样的孔(如油孔、工艺孔、减重孔等)。孔是箱体、支架、套筒、环、盘类零件上的重要表面,也是机械加工中经常遇到的表面。在加工精度和表面粗糙度要求相同的情况下,加工孔比加工外圆面困难,生产效率低,成本高。这是因为:刀具的尺寸受到被加工孔的尺寸的限制,故刀具的刚性差,不能采用大的切削用量;加工孔时,切削区在工件内部,切削液不易进入切削区,排屑及散热条件差,加工精度和表面质量都不易控制。

孔的种类也是多种多样的,有圆柱形孔、圆锥形孔、螺纹形孔和成形孔等。

孔的加工方法主要有钻孔、扩孔、铰孔、镗孔、拉孔、磨孔、孔的光整加工等,另外,可替代常规钻削的孔的加工方法有套料钻削深孔、加热钻孔、激光打孔、电子束打孔、电火花打孔等。零件材料不同、尺寸不同、精度要求不同,选择的刀具则不同;效率要求不同、量产要求不同、直径比不同,选择的加工工艺亦不同。

(二)孔的加工方式与工艺

1.钻孔加工

模具零件的各种孔,如螺孔、螺钉穿孔、销钉孔、顶杆孔、圆形芯固定孔等,都需经钻、铰加工,达到孔径、孔距精度及粗糙度的要求。钻孔加工类型如表4-4-1所示。

表4-4-1　钻孔加工类型

类型	内容
单个零件钻孔	单个零件直接按划线位置钻孔
引钻	先钻一个零件的孔,以此为准引钻其他零件的孔。引钻时可利用一个零件为异向直接钻孔;也可引出钻窝,以此为异向钻孔
组合钻孔	为保证零件的孔距,可将两零件用平行夹头夹紧或用螺钉组合成一体,以划线为准同时进行钻孔

2.铰孔加工

模具中常有一部分销钉孔、顶杆孔、芯子固定孔等需要在划线后或组装时加工,其加工精度一般为IT6~IT8级,粗糙度不低于$Ra3.2$ μm。铰孔加工的一般原则如表4-4-2所示。

表4-4-2　铰孔加工的一般原则

类型		原则
工件直径	<10 mm	钻、铰加工
	10~20 mm	采用钻、锪、铰等工序加工
	>20 mm	先钻预料,再进行铣、镗床加工
需淬火孔		铰孔时应留0.02~0.03 mm的研磨量,热处理时孔要加以保护,待组装时再研磨
不同材料组合铰孔		不同材料的零件组合铰孔时,应从较硬的材料铰入
淬硬件铰孔		首先应检查孔是否变形,应用标准硬质合金铰刀铰削,或用旧铰刀铰削,然后用铸铁研磨棒,研至所需尺寸
铰不通孔		铰不通孔时,铰孔深度应加深些,留出铰刀切削部分的长度,以保证有效直径的孔深;也可用标准铰刀铰孔,再用磨去切削部分的旧铰刀铰去孔的未铰出的底部
机铰		工件一次装夹后,连续进行钻、锪、铰,以保证孔的垂直度、平行度

3.深孔加工

塑料模中的冷却水道孔、加热器孔及一部分顶杆孔等需进行深孔加工。一般冷却水道孔精度要求不高,但要防止偏斜;加热器孔为保证热传导效率,孔径及粗糙度都有一定要求,孔径比加热棒大0.1~0.3 mm,粗糙度为$Ra12.5$~6.3 μm;而顶杆孔要求较高,一般精度为IT8级,并有垂直度、粗糙度要求。

4.孔系加工

模具上许多孔都要求保证孔距、孔边距、各孔轴线的平行度、与端面的垂直度及两个零件组装后孔的同轴度。这类孔系加工时一般先加工基准,然后划线加工各孔,或者直接在数控铣床和数控钻床上加工。

5.数控铣床孔加工方式

(1)当数控钻床用。在数控铣床上装上相应的钻削刀具进行直接编程自动加工。

(2)螺旋插补铣削。首先用铣刀斜向铣入工件毛坯或已加工出的预孔。然后在 X/Y 向圆周运动的同时沿 Z 轴螺旋向下铣削,以实现扩孔加工。

(3)圆周插补铣削。铣刀围绕已加工预孔的外径或内径以全齿深进行走刀铣削,以实现扩孔加工。

(三)孔加工的技术要求

在孔加工过程中,应避免出现孔径扩大孔直线度过大、工件表面粗糙度差及钻头过快磨损等问题,以防影响钻孔质量和增大加工成本。

应尽量保证以下的技术要求:

(1)尺寸精度,即孔的直径和深度尺寸的精度;

(2)形状精度,即孔的圆度、圆柱度及轴线的直线度;

(3)位置精度,即孔与孔轴线或孔与外圆轴线的同轴度,孔与孔或孔与其他表面之间的平行度和垂直度等。

同时,还应该考虑以下5个要素:

(1)孔径孔深、公差表面粗糙度孔的结构;

(2)工件的结构特点,包括夹持的稳定性、悬伸量和回转性;

(3)铣床的功率转速、冷却液系统和稳定性;

(4)加工批量;

(5)加工成本。

(四)常用孔加工刀具认识

从实体材料上加工出孔或扩大已有孔的刀具称为孔加工刀具。如麻花钻、中心钻、扁钻、深孔钻等可以在实体材料上加工出孔,而铰刀、扩孔钻、镗刀等可以在已有孔的材料上进行扩孔加工。

1.孔加工刀具特点

(1)大部分孔加工刀具为定尺寸刀具,刀具本身的尺寸精度和形状精度不可避免地对孔的加工精度有重要的影响。

(2)孔加工刀具尺寸由于受到加工孔直径的限制,刀具横截面尺寸较小,特点是用于加工小直径孔和深径比(孔的深度与直径之比的数值)较大的孔的刀具,其横截面尺寸更小,所以刀具刚性差,切削不稳定,易产生振动。

(3)孔加工刀具是在工件已加工表面的包围之中进行切削加工,切削呈封闭或半封闭的状态,因此排屑困难,切削液不易进入切削区,难以观察切削中的实际情况,对工件质量、刀具寿命都将产生不利的影响。

(4)孔加工刀具种类多、规格多。

2.钻孔刀具

(1)麻花钻。麻花钻是最常见的孔加工刀具,如图4-4-2所示。它可在实心材料上钻孔,也可用来扩孔,主要用于加工 $\phi30$ mm以下的孔。

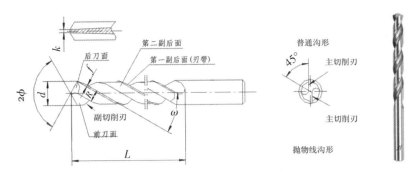

图4-4-2　麻花钻

(2)深孔钻。孔的长径比(L/D)大于5为深孔,加工深孔是在深处切削,切削液不易注入,散热差,排屑困难,钻杆刚性差,易损坏刀具和引起孔的轴线偏斜,影响加工精度和生产效率,故应选用深孔刀具加工,如图4-4-3所示。

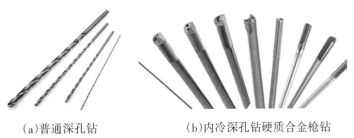

（a)普通深孔钻　　　　　(b)内冷深孔钻硬质合金枪钻

图4-4-3　深孔钻

(3)扩孔钻。将工件上已有的孔(铸出、锻出或钻出的孔)扩大的加工方法叫做扩孔。加工中心上进行扩孔多采用扩孔钻,如图4-4-4所示。另外,也可使用键槽铣刀或立铣刀进行扩孔,比普通扩孔钻的加工精度高。

图4-4-4　扩孔钻

(4)中心钻和定心钻。中心钻如图4-4-5(a)所示,主要用于钻中心孔,也可用于麻花钻钻孔前预钻定心孔;定心钻如图4-4-5(b)所示,主要用于麻花钻钻孔前预钻定心孔,也可用于孔口倒角,α主要有90°和120°两种。

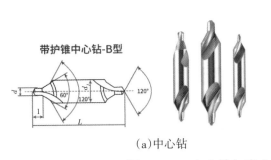

（a)中心钻　　　　　　　(b)定心钻

图4-4-5　中心钻与定心钻

3.镗孔刀具

在铣床上用镗刀对大、中型孔进行半精加工和精加工称为镗孔。镗孔的尺寸精度一般可达IT7～IT10级。镗刀种类很多，按切削刃数量可分为单刃镗刀和双刃镗刀。

（1）单刃镗刀。单刃镗刀可用于镗削通孔、阶梯孔和不通孔。单刃镗刀只有一个刀片，如图4-4-6所示，使用时用螺钉装夹到镗杆上。垂直安装的刀片镗通孔，倾斜安装的刀片镗不通孔或阶梯孔。单刃镗刀刚性差，切削时易引起振动，为减小径向力，宜选较大的主偏角。镗铸铁孔或精镗时，常取$Zr=90°$；粗镗钢件孔时，为提高刀具寿命，一般取$Zr=60°～75°$。单刃镗刀结构简单，适用性较广，通过调整镗刀片的悬伸长度即可镗出不同直径的孔，粗、精加工都适用；但单刃镗刀调整麻烦，效率低，对工人操作技术要求高，只能用于单件小批量生产的场合。

（a）　　　　　（b）

图4-4-6　单刃镗刀

（2）双刃镗刀。镗削大直径的孔可选用双刃镗刀，如图4-4-7所示。双刃镗刀有两个对称的切削刃同时工作，也称为镗刀块（定尺寸刀具）。双刃镗刀的头部可以在较大范围内进行调整，且调整方便，最大镗孔直径可达1000 mm。切削时，两个对称切削刃同时参加切削，不仅可以消除切削力对镗杆的影响，而且切削效率高。双刃镗刀刚性好，容屑空间大，两径向力抵消，不易引起振动，加工精度高，可获得较好的表面质量，适用于大批量生产。

（a）　　　　　（b）

图4-4-7　双刃镗刀

4.铰孔刀具

铰孔是用铰刀对孔进行精加工的方法。铰孔往往作为中小孔钻、扩后的精加工，也可用于磨孔或研孔前的预加工。铰孔只能提高孔的尺寸精度和形状精度，减小其表面粗糙度值，不能提高孔的位置精度，也不能纠正孔的轴线歪斜。一般铰孔的尺寸精度可达IT7～IT9级，表面粗糙度Ra值可达1.6～0.8 μm。

铰孔质量除与正确选择铰削用量、冷却润滑液有关外，铰刀的选择也至关重要。在加工中心上铰孔时，除使用普通标准铰刀外，还常采用机夹硬质合金刀片单刃铰刀和浮动铰刀等。

（1）普通标准铰刀。普通标准铰刀有直柄（如图4-4-8所示）、锥柄和套式三种。锥柄铰刀直径为$\phi10～\phi32$ mm，直柄铰刀直径为$\phi6～\phi20$ mm，小孔直柄铰刀直径为$\phi1～\phi6$ mm，套式铰刀直径为$\phi25～\phi80$ mm。

图4-4-8　直柄普通标准铰刀

（2）机夹硬质合金刀片单刃铰刀。机夹硬质合金刀片单刃铰刀刀片通过楔套用螺钉固定在刀体上，通过螺钉、销可调节铰刀尺寸。导向块可采用黏结和铜焊方式固定。机夹硬质合金刀片单刃铰刀不仅寿命长，而且加工孔的精度高，表面粗糙度Ra值可达0.7 μm。对于有内冷却通道的单刃铰刀，允许切削速度达

80 m/min。

（3）浮动铰刀。浮动铰刀不仅能保证换刀和进刀过程中刀具的稳定性，刀片不会从刀杆的长方形孔中滑出，而且还能通过自由浮动而准确地"定心"，如图4-4-9所示。由于浮动铰刀有两个对称刃，能自动平衡切削力，在铰削过程中又能自动补偿因刀具安装误差或刀杆的径向圆跳动而引起的加工误差，因此加工精度稳定。浮动铰刀的寿命比高速钢铰刀高8～10倍，且具有直径调整的连续性，因此是加工中心所采用的一种比较理想的铰刀。

图4-4-9 浮动铰刀

（4）锪刀。锪刀主要用于各种材料的锪台阶孔、锪平面、孔口倒角等工序，常用的锪刀有平底型、锥型及复合型等，如图4-4-10所示。

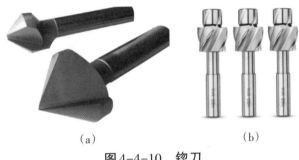

（a） （b）

图4-4-10 锪刀

（5）机用丝锥。机用丝锥主要用于加工M6～M20的螺纹孔。从原理上讲，丝锥就是将外螺纹做成刀具，如图4-4-11所示。

图4-4-11 机用丝锥

（6）螺纹铣刀。螺纹铣刀有圆柱螺纹铣刀、机夹螺纹铣刀及组合式多工位专用螺纹镗铣刀等形式，如图4-4-12所示。

图4-4-12 螺纹铣刀

（五）例题讲解

例：如图4-4-13所示，要加工9个ϕ6H8通孔，3个ϕ10H7沉孔，如果只用G01方式加工会显得比较麻烦，如果用G81或G83孔加工循环指令编程就会方便很多。

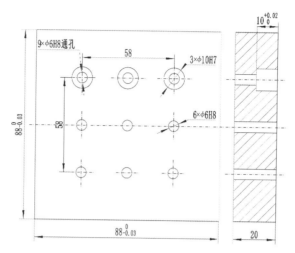

图 4-4-13　阶梯孔

1.选用合适刀具、夹具、工量具等,并选择合适的切削参数

阶梯孔加工工艺参考如表4-4-3所示。

表4-4-3　阶梯孔加工工艺参考

选用刀具						
名称	平面盘铣刀		钻头、铰刀、立铣刀		倒角刀	
用途	铣平面		钻孔、铰孔、铣侧面底面		边倒角	
选用夹具						
名称	精密平口钳					
用途	小型工件的平行面安装与夹持					
选用量具						
名称	游标卡尺		外径千分尺		深度游标卡尺	塞规
用途	粗量毛坯与粗加工后尺寸		量取外轮廓尺寸		测量深度尺寸	测量判断孔的尺寸合格性
切削用量	粗加工	$\phi80$ mm平面盘铣刀		$\phi5.8$ mm钻头粗加工、$\phi6$ mm铰刀精加工		$\phi12$ mm倒角刀
		主轴转速n	800 r/min	主轴转速n	800 r/min	
		侧吃刀量a_e	70 mm	侧吃刀量a_e		
		背吃量a_p	1 mm	背吃量a_p	2.9 mm	
		进给速度f	500 mm/min	进给速度f	50 mm/min	
	精加工	主轴转速n	1000 r/min	主轴转速n	800 r/min	主轴转速n	5000 r/min
		侧吃刀量a_e	70 mm	侧吃刀量a_e		侧吃刀量a_e	0.5 mm
		背吃量a_p	0.5 mm	背吃量a_p	0.1 mm	背吃量a_p	0.5 mm
		进给速度f	500 mm/min	进给速度f	50 mm/min	进给速度f	1000 mm/min

2.G81、G83指令学习

首先,对工件孔加工时,根据刀具的运动位置可以分为四个平面,即初始平面、R点平面、工件平面和孔底平面,如图4-4-14所示。

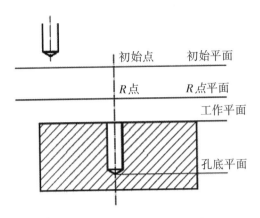

图 4-4-14　刀具运动的四个平面

数控指令 G81、G83 区别为：操作不同、用途不同。

(1)操作不同。

①G81：循环钻孔，钻孔深度要求一次到位。

②G83：循环钻孔比较深，达到深度后，先提刀再下刀。

(2)用途不同。

①G81：用于普通钻孔循环。

②G83：用于深度超过3倍钻头直径的深孔加工。

G81指令格式：

G99/G98 G81 X_ Y_ Z_ R_ F_ ；（定位中心点钻孔固定循环指令）

指令说明：

X_ Y_：孔坐标。

F_：进给速度。

Z_：加工孔深度。绝对方式下是指 Z 轴方向孔底位置，增量方式下是指从 R 点到孔底的距离，一般用G90绝对方式编程比较容易。

R_：在绝对方式下是指 Z 轴方向 R 点的位置，增量方式下是指从初始点到 R 点的距离，也叫 R 点平面。当使用G81（G98）时，每切削完一次回到初始面；当用G81（G99）时，每切削完一次回到 R 点平面，具体如图4-4-15所示。

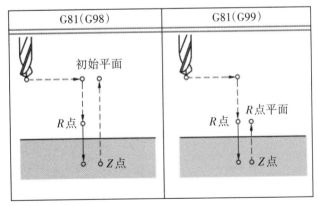

图 4-4-15　G81(G98)和 G81(G99)区别

G83指令格式：

G99/G98 G83 X_ Y_ Z_ R_ Q_ K_ F_ ；（啄式钻孔循环指令）

指令说明：

X_ Y_:孔坐标。

F_:进给速度。

Z_:加工孔深度绝对方式下是指Z轴方向孔底位置,增量方式下是指从R点到孔底的距离。

R_:R点平面。

Q_:每次下刀深度(指每一次从未加工面开始算,要下刀的深度)。

K_:每次下刀前离未加面的安全距离(有些系统K指重复加工次数,但一般放在F后面)。

3.简单工艺步骤分析

(1)先用平面铣刀加工上表面。

(2)用φ10 mm立铣刀加工88 mm×88 mm的外轮廓。

(3)用φ5.8 mm钻头预加工9个通孔,用G83指令方式加工。

(4)用φ6 mm铰刀精加工9个通孔,用G81指令方式加工即可。

(5)用φ10 mm立铣刀直接代替钻头加工φ10 mm沉孔,用G81指令加工。其实最好用G82指令加工,加工到底会有暂停时间参数,用以加工光整好阶梯面。这里不做具体讲解。有兴趣者可以查阅课外资料。

4.参考程序

(1)φ5.8 mm钻头加工9个通孔用G83,φ6 mm铰刀精加工9个通孔用G81,参考程序如表4-4-4所示。

表4-4-4 阶梯孔加工程序参考1

序号	O0001	程序解释
N10	G54 G90 G40 G49 G80 G69 G21 G17;	程序头
N20	G00Z100;	安全高度
N30	M03S800;	主轴正转
N40	G00X0Y0;	观测对刀是否正确
N50	G00Z10;	安全高度
N60	M08;	冷却液开
N70	G99G83X0Y0Z-25R3Q3K1F50;	加工第1个原点孔,这里Z值应考虑钻头部分锥形高度,加上通也要求写-25,如果不够可以再大一点,多加部分取值和钻头大小有关。Q值取正,如果写负则负号无效,系统仍按正值处理
N80	X29;	加工第2个孔
N90	Y-29;	加工第3个孔
N100	X0;	加工第4个孔
N110	X-29;	加工第5个孔
N120	Y0;	加工第6个孔
N130	Y29;	加工第7个孔
N140	X0;	加工第8个孔
N150	X29;	加工第9个孔
N160	G80;	取消钻孔循环
N170	G00Z100;	完成轮廓加工后立即抬刀至安全高度Z100
N180	G00X0Y150;	把工件快速移动到一个可以目测和用量具测量尺寸的方便位置
N190	M30;	程序结束,铣床停止动作(包括冷却液关、主轴停止等),光标自动移动到程序头,方便下一次循环加工开始

注:铰刀加工程序用G81,这里不做具体介绍,学习者直接改G83格式为G81格式就可以,其他都不用变。

（2）$\phi 10$ mm立铣刀代替沉孔刀加工3个沉孔，参考程序如表4-4-5所示。

表4-4-5　阶梯孔加工程序参考2

序号	O0002	程序解释
N10	G54 G90 G40 G49 G80 G69 G21 G17;	程序头
N20	G00Z100;	安全高度
N30	M03S800;	主轴正转
N40	G00X0Y0;	观测对刀是否正确
N50	G00Z10;	安全高度
N60	M08;	冷却液开
N70	G99G81X-29Y29Z-10R3F50;	定位加工第1个孔
N80	X0;	加工第2个孔
N90	X29;	加工第3个孔
N100	G80;	取消钻孔循环
N110	G00Z100;	完成轮廓加工后立即抬刀至安全高度Z100
N120	G00X0Y150;	把工件快速移动到一个可以目测和用量具测量尺寸的方便位置
N130	M30;	程序结束，铣床停止动作（包括冷却液关、主轴停止等），光标自动移动到程序头，方便下一次循环加工开始

5.实际操作步骤

（1）检查毛坯。

（2）安装精密平口钳。

（3）装夹和找正工件。

（4）盘铣刀粗精铣上表面。

（5）对刀并建立工件坐标系。

（6）编程并模拟。

（7）正确回全轴。

按"POS"键，再分别按"绝对"→"操作"→"W预设置"→"所有轴"后就不需要重新对刀了。

（8）操作方面先单段后连续方式加工零件。

（9）正确检测零件尺寸。

（10）6S打扫。

🔓 三、学后评价

技能训练学后评价如表4-4-6所示。

表4-4-6　技能训练学后评价

序号	评价内容	任务开始时间		班级		
		任务结束时间		姓名		
		要求		自评	互评	总评
1	工作服	干净整洁				
2	工量具使用规范	正确使用并使用规范，摆放整齐				
3	夹具安装与找正	方法正确，安装面水平度与垂直度符合要求				

续表

4	刀具安装	方法正确			
5	铣床操作规范	符合操作流程与规范要求			
6	程序编写	校验后程序正确			
7	加工尺寸与形状精度	和图纸尺寸与形状相符合并达到要求			
8	加工表面质量	按表面粗糙度进行对比			
9	健康与安全	身体有无损伤			
10	工作效率与6S工作	是否超时,是否做好工位打扫整理与清理等			
每项10分,共100分			最后总评分		

✏ 四、课后一练

1.默写G81、G83指令格式并说明其含义。

2.完成如图4-4-16所示通孔的编程。

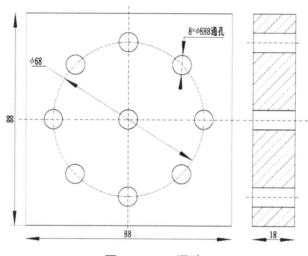

图4-4-16　通孔

🔧 五、课后一想

思考如何加工如图4-4-17所示的螺纹孔。

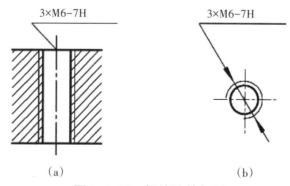

（a）　　　　　　　　　　　　（b）

图4-4-17　螺纹孔的加工

六、知识拓展

(一)深孔加工

深孔加工是一类由专为现有应用而设计的刀具所主导的加工领域。许多不同的行业都涉及深孔加工。现在,该加工领域取得成功通常基于混合使用标准和专用刀具元件,这些元件具有设计成专用深孔加工刀具的经验。这些刀具配有加长的高精度刀柄,并且具有支撑功能和集成式铰刀,再结合最新的切削刃槽形和刀片材质以及高效的冷却液和切屑控制,就能在最高的穿透率和加工安全性下获得所需的高质量。

1.深孔加工难点

(1)不能直接观察到切削情况,仅凭听声音、看切屑、观察铣床负荷、油压等参数来判断排屑与钻头磨损情况。

(2)切削热不易传出。

(3)排屑较困难,如遇切屑阻塞则会引起钻头损坏。

(4)因钻杆长、刚性差、易振动,会导致孔轴线易偏斜,影响到加工精度及生产效率。

小直径深孔加工除了传统的麻花钻和枪钻外,也越来越多地使用硬质合金深孔钻。双刃的切削刃、高性能的涂层以及针对不同材料优化的钻尖,共同实现了更高的加工效率。在钻头磨损之后还能通过不断地重磨和重涂层来降低加工成本。硬质合金深孔钻的一个重要特征是需要4个支承刃带,在钻好必要的引导孔后,这些刃带能保证良好的支撑效果和直线度。

2.深孔加工时的注意事项

(1)深孔加工操作要点:主轴和刀具导向套、刀杆支承套、工件支承套等中心线的同轴度应符合要求;切削液系统应畅通正常;工件的加工端面上不应有中心孔,并避免在斜面上钻孔;切屑形状应保持正常,避免生成直带状切屑;采用较高速度加工通孔,当钻头即将钻透时,应降速或停机以防损坏钻头。

(2)深孔加工切削液:深孔加工过程中会产生大量的切削热,并不易扩散,需要供给充足的切削液润滑冷却刀具。一般选用1:100的乳化液或极压乳化液;需要较高加工精度和表面质量或加工韧性材料时,选用极压乳化液或高浓度极压乳化液,切削油的运动黏度通常选用(40 ℃)10～20 cm^2/s,切削液流速为15～18 m/s;加工直径较小时选用黏度低的切削油;要求精度高的深孔加工,可选用切削油配比为40%极压硫化油+40%煤油+20%氯化石蜡。

3.使用深孔钻注意事项

(1)工件端面与工件轴心线垂直,以保证端面密封可靠。

(2)正式加工前在工件孔位上预钻一个浅孔,引钻时可起导向定心作用。

(3)为保证刀具使用寿命,最好采用自动走刀。

(4)进液器、活动中心支承中的各导向元件如有磨损,应及时更换,以免影响钻孔精度。

(二)阶梯孔加工

在加工某些零部件时,经常会遇到一些外小内大的阶梯孔。由于空间位置所限,刀杆不能从大孔的正面进入切削位置,这给加工阶梯孔带来了很大困难。很多厂家加工这类孔会采用换刀形式,这不仅延长加工时间,降低生产效率,而且要多配备不同种类、不同规格的刀具,无形中也增加了加工成本。目前比较常见的是采用阶梯钻。

(三)沉孔加工

沉孔作为一种主要用来固定工件的工艺孔,由于其结构、使用环境的不同,而且一般都在较大直径范围内,再加上其加工效率的低下及加工方法、加工刀具的复杂多样化,因此,加工这种工艺孔无论是对设备使用、生产力水平,还是制造成本、现场管理、工装具管理等,都带来较大的困难。

目前,标准的沉孔加工流程需要5道工序,分别是打点、钻内孔、打沉孔、倒外圆、倒内圆,要购买5把不同的刀。每做一个沉孔都要进行换刀、对刀,浪费大量的时间,而且铣床一直要处于运行状态,增加了铣床成本。

有一种四合一沉头刀,把定点钻、沉头刀和内外倒角刀合成一把刀,1道工序就可以加工中心点、沉孔、内倒角和外倒角,磨损之后只需更换钨钢刀片,既节约了加工时间又降低了刀具成本。有别于阶梯钻需要专门定做刀杆,四合一沉头刀只需通过更换刀片,便能加工所有标准螺丝及模具顶料梢的沉头孔。

沉头刀的优势:

(1)减少换刀次数、刀具数量以及相关的夹具,降低购买多把刀具的成本;

(2)做一个沉孔平均3 s,提高效率,降低工时,减少铣床运作成本;

(3)钨钢刀片独特的刃口几何角度,使用寿命延长3倍;

(4)中心钻的角度为140°,为钻内孔打好中心点,使内外孔同轴度准确;

(5)可以在传统钻床上使用,刀头牢固,没有阶梯钻的应力集中,不易崩刀,而且加工零件表面光洁度高;

(6)一根刀杆可以搭配英制、公制和各种尺寸的刀片,刀杆循环利用率高;

(7)沉头刀磨损后只需更换刀片,使用成本降低,减少仓库存储多把刀具的空间。

任务五　螺纹孔的加工(G84)

🎯 课程目标

知识目标

1.掌握G84指令的编程格式与用法。

2.了解螺纹孔基本加工工艺。

技能目标

1.掌握螺纹孔的加工。

2.进一步熟练铣床的操作。

思政目标

1.让学生体会工匠精神,培养学生的大国制造情怀。

2.让学生养成良好的课堂习惯与组织纪律。

🔒 一、知识引入

螺纹孔如图4-5-1所示,用于在机械工件上安装螺钉。螺纹孔内部带有螺纹,用于跟相应的螺钉进行螺纹配合。螺钉是一端有头、另一端有螺纹的金属圆杆,不用螺母,直接旋入零件上有螺纹的圆孔中,连接或固定零件的位置。任何一种机器,没有孔是做不成的。把零件连接起来,需要各种不同尺寸的螺纹孔、销钉孔或铆钉孔。

图4-5-1 螺纹孔

例:运用G84指令完成两个普通螺纹孔的加工,并用螺纹塞规(通止规)检测加工产品的合格性,具体情况如图4-5-2所示。

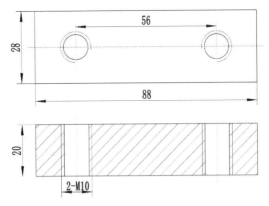

图4-5-2 螺纹孔加工

二、知识导学

(一)认识攻螺纹循环加工指令G84

1.指令功能

该循环执行攻螺纹加工,当到达孔底时,主轴以反方向旋转。攻右旋螺纹,主轴正转攻螺纹,到孔底时主轴停止旋转,主轴反转退回。攻螺纹时速度倍率不起作用。使用进给保持时,在全部动作结束前也不停止。该指令的动作顺序如图4-5-3所示。

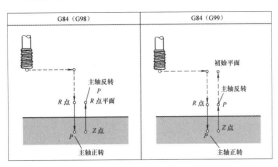

图4-5-3 G84指令刀具运动示意图

2.指令格式

G84 X_ Y_ Z_ R_ P_ F_ K_ ;

说明:

X_ Y_为孔位置数据;

Z为指定孔底平面位置,绝对编程时是孔底Z点的坐标值,增量编程时是孔底Z点相对于R点的增量值;

R为指定R点平面位置,绝对编程时是R点的坐标值,增量编程时是R点相对于初始点的增量值;

P为孔底暂停时间(ms);

F为螺纹导程;

K为重复次数。

3.主轴顺时针旋转执行攻螺纹。当到达孔底时,为了回退主轴以相反方向旋转,这个过程生成螺纹。在攻螺纹期间进给倍率被忽略,进给暂停,不停止铣床,直到返回动作完成。攻螺纹过程要求主轴转速S与进给速度F呈严格的比例关系,因此,编程时要根据主轴转速计算进给速度,进给速度=主轴转速×螺纹螺距。关于主轴旋转、M代码和刀具偏置等,与其他循环相同。

4.动作过程

(1)主轴正转,丝锥快速定位到螺纹加工循环起点(X,Y)。

(2)丝锥沿Z方向快速运动到参考平面R。

(3)攻螺纹加工。

(4)主轴反转,丝锥以进给速度反转退回到参考平面R。

(二)简单加工工艺分析

简单加工工艺分析参考如表4-5-1所示。

表4-5-1 简单加工工艺参考

选用刀具						
名称	平面盘铣刀		φ7.8 mm钻头、M10机用丝锥		倒角刀	
用途	铣平面		钻孔、攻丝		边倒角	
选用夹具						
名称	精密平口钳					
用途	小型工件的平行面安装与夹持					
选用量具						
名称	游标卡尺		外径千分尺	深度游标卡尺		螺纹塞规
用途	粗量毛坯与粗加工后尺寸		量取外轮廓尺寸	测量深度尺寸		测量判断螺纹孔的尺寸合格性

切削用量			φ80 mm平面盘铣刀		φ7.8 mm钻头粗加工孔、M10螺纹刀精加工孔		φ12 mm倒角刀	
	粗加工	主轴转速n	800 r/min	主轴转速n	800 r/min			
		侧吃刀量a_e	70 mm	侧吃刀量a_e				
		背吃刀量a_p	1 mm	背吃刀量a_p	3.9 mm			
		进给速度f	500 mm/min	进给速度f	50 mm/min			
	精加工	主轴转速n	1000 r/min	主轴转速n	100 r/min	主轴转速n	5000 r/min	
		侧吃刀量a_e	70 mm	侧吃刀量a_e		侧吃刀量a_e	0.5 mm	
		背吃刀量a_p	0.5 mm	背吃刀量a_p	1.1 mm	背吃刀量a_p	0.5 mm	
		进给速度f	500 mm/min	进给速度f		进给速度f	1000 mm/min	

(三)G84攻螺纹参考程序

参考程序如表4-5-2所示。

表4-5-2　螺纹孔加工程序参考

序号	O0002	程序解释
N10	G54 G90 G40 G49 G80 G69 G21 G17;	程序头
N20	G00Z100;	安全高度
N30	M03S100;	主轴正转
N40	G00X0Y0;	观测对刀是否正确
N50	G00Z10;	安全高度
N60	M08;	冷却液开
N70	G99G84X-28Y0Z-23R3P1000F1.5;	定位加工第1个孔
N80	X28;	加工第2个孔
N90	G80;	取消钻孔循环
N100	G00Z100;	完成轮廓加工后立即抬刀至安全高度Z100
N110	G00X0Y150;	把工件快速移动到一个可以目测和用量具测量尺寸的方便位置
N120	M30;	程序结束,铣床停止动作(包括冷却液关、主轴停止等),光标自动移动到程序头,方便下一次循环加工开始

(四)简单工艺步骤

(1)铣上表面。

(2)钻孔。

(3)攻螺纹。

(五)实际操作步骤

(1)检查毛坯。

(2)安装精密平口钳。

(3)装夹和找正工件。

(4)盘铣刀粗精铣上表面。

(5)对刀并建立工件坐标系。

(6)编程并模拟。

(7)正确回全轴。

(8)以先单段后连续的方式加工零件。

(9)正确检测零件尺寸。

(10)6S打扫。

🔓 三、学后评价

技能训练学后评价如表4-5-3所示。

表4-5-3　技能训练学后评价

序号	评价内容	任务开始时间		班级		
		任务结束时间		姓名		
		要求	自评	互评	总评	
1	工作服	干净整洁				
2	工量具使用规范	正确使用并使用规范,摆放整齐				
3	夹具安装与找正	方法正确,安装面水平度与垂直度符合要求				
4	刀具安装	方法正确				
5	铣床操作规范	符合操作流程与规范要求				
6	程序编写	校验后程序正确				
7	加工尺寸与形状精度	和图纸尺寸与形状相符合并达到要求				
8	加工表面质量	按表面粗糙度进行对比				
9	健康与安全	身体有无损伤				
10	工作效率与6S工作	是否超时,是否做好工位打扫整理与清理等				
每项10分,共100分			最后总评分			

✐ 四、课后一练

1. 完成如图4-5-4所示螺纹通孔的编程,并在下节练习课中进行编程模拟和加工。

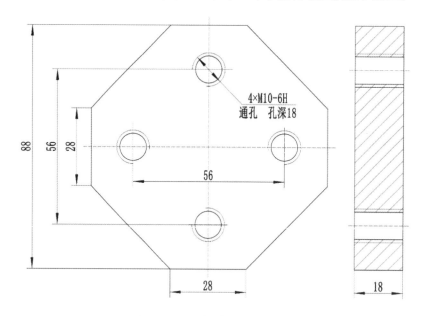

4×M10-6H
通孔　孔深18

图4-5-4　螺纹通孔的加工

2. 查资料找出M10-6H的中径、底径与顶径值。

⚒ 五、课后一想

1. 如何在铣床上加工外螺纹,或者当内螺纹孔比较大的时候如何加工?

2. 查找资料,了解螺纹铣刀的正确用法和编程方式。

任务六　极坐标指令(G15、G16)

课程目标

知识目标

1.掌握G15、G16指令的格式与用法。

2.掌握手动编程的具体步骤及要领。

技能目标

1.应用极坐标指令加工零件。

2.熟练铣床的操作。

思政目标

1.让学生体会工匠精神,培养学生的大国制造情怀。

2.让学生养成良好的课堂习惯与组织纪律。

一、知识引入

根据图4-6-1所示的要求,应用极坐标指令完成孔加工零件的铣削和钻削加工。

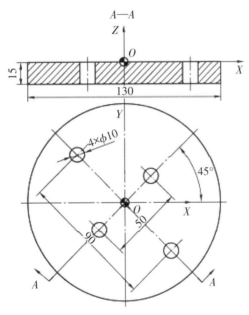

图4-6-1　孔加工极坐标应用

二、知识导学

(一)简单加工工艺分析

简单加工工艺分析参考如表4-6-1所示。

表4-6-1　简单加工工艺分析参考

选用刀具		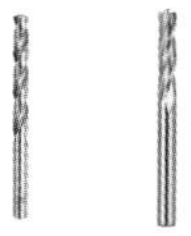	
名称	平面盘铣刀	钻头、立铣刀	倒角刀
用途	铣平面	铣侧面、底面	边倒角

选用夹具	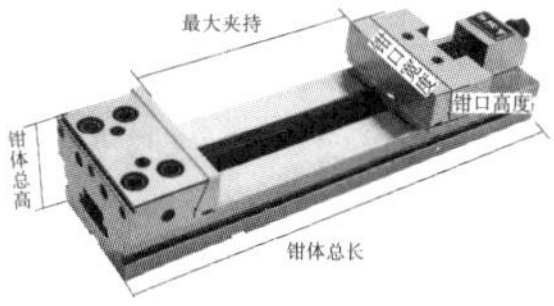
名称	精密平口钳
用途	小型工件的平行面安装与夹持

选用量具			
名称	游标卡尺	外径千分尺	深度游标卡尺
用途	粗量毛坯与粗加工后尺寸	量取外轮廓尺寸	测量深度尺寸

切削用量						
		$\phi 80$ mm平面盘铣刀		$\phi 10$ mm钻头		$\phi 8$ mm倒角刀	
	粗加工	主轴转速 n	800 r/min	主轴转速 n	1000 r/min		
		侧吃刀量 a_e	70 mm	侧吃刀量 a_e			
		背吃量 a_p	1 mm	背吃量 a_p	3 mm		
		进给速度 f	500 mm/min	进给速度 f	50 mm/min		
	精加工	主轴转速 n	1000 r/min	主轴转速 n		主轴转速 n	5000 r/min
		侧吃刀量 a_e	70 mm	侧吃刀量 a_e		侧吃刀量 a_e	0.5 mm
		背吃量 a_p	0.5 mm	背吃量 a_p		背吃量 a_p	0.5 mm
		进给速度 f	500 mm/min	进给速度 f		进给速度 f	1000 mm/min

（二）极坐标G15/G16指令

1.指令格式:G16 X_　Y_ ;

　　　　　　G15;

指令功能:模态指令,G16建立极坐标编程方式,G15取消极坐标编程方式。

指令说明:G16表示极坐标指令;

　　　　　G15表示取消极坐标指令;

　　　　　X_ 表示极坐标半径;

　　　　　Y_ 表示极坐标角度,逆时针方向为角度的正向。

2.极坐标指令编程方法

（1）绝对坐标编程,如图4-6-2所示,以工件坐标系原点作为极坐标系原点,极坐标半径值是指终点坐标到编程原点的距离,其角度值是指终点坐标与编程原点的连线与X轴之间的夹角。

（2）相对坐标编程,如图4-6-3所示,以刀具当前位置作为极坐标原点,极坐标半径值是指终点坐标到刀具当前位置的距离,其角度值是指前一坐标原点和当前极坐标原点之间的连线与当前运动轨迹之间的夹角。

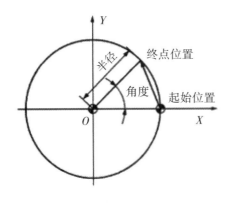

图4-6-2 绝对坐标方式

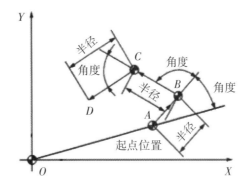

图4-6-3 相对坐标方式

(三)参考程序

极坐标编程参考程序如表4-6-2所示。

表4-6-2 极坐标编程参考程序

序号	O0001	程序解释
N10	G54 G90 G40 G49 G80 G69 G21 G17;	程序头
N20	G00Z100;	安全高度
N30	M03S1000;	主轴正转
N40	G00X0Y0;	观测对刀是否正确
N50	G00Z10;	安全高度
N60	M08;	冷却液开
N70	G16;	极坐标
N80	G99G83X25Y45Z−20R5Q3F50;	加工第1个孔
N90	X45Y135;	加工第2个孔
N100	X25Y225;	加工第3个孔
N110	X45Y−45;	加工第4个孔
N120	G15 G80;	取消极坐标
N130	G00Z100;	抬刀至安全高度Z100
N140	G00X0Y150;	把工件快速移动到一个可以目测和用量具测量尺寸的方便位置
N150	M30;	程序结束,光标回到程序头

(四)实际操作步骤

(1)检查毛坯。

(2)安装精密平口钳。

(3)装夹和找正工件。

(4)盘铣刀粗精铣上表面。

(5)对刀并建立工件坐标系。

(6)编程并模拟。

(7)正确回全轴。

按"POS"键,再分别按"绝对"→"操作"→"W预设置"→"所有轴"后就不需要重新对刀了。

(注:用此方法必须在对刀前也是如此回全轴)

(8)操作方面是以先单段后连续方式加工零件。

(9)正确检测零件尺寸。

(10)6S打扫。

三、学后评价

技能训练学后评价如表4-6-3所示。

表4-6-3　技能训练学后评价

序号	评价内容	任务开始时间		班级		
		任务结束时间		姓名		
		要求		自评	互评	总评
1	工作服	干净整洁				
2	工量具使用规范	正确使用并使用规范,摆放整齐				
3	夹具安装与找正	方法正确,安装面水平度与垂直度符合要求				
4	刀具安装	方法正确				
5	铣床操作规范	符合操作流程与规范要求				
6	程序编写	校验后程序正确				
7	加工尺寸与形状精度	与图纸尺寸与形状相符合并达到要求				
8	加工表面质量	按表面粗糙度进行对比				
9	健康与安全	身体有无损伤				
10	工作效率与6S工作	是否超时,是否做好工位打扫整理与清理等				
每项10分,共100分				最后总评分		

四、课后一练

1.默写G16/G15指令格式并说明其含义。

2.用极坐标编程如图4-6-4所示的正六边形。

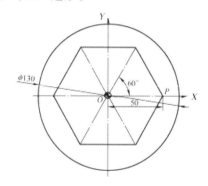

图4-6-4　正六边形极坐标编程应用

五、课后一想

预习下一节内容,思考如何使用镜像指令。

任务七　镜像指令（G51.1、G50.1）

课程目标

知识目标

1.掌握 G51.1、G50.1 指令的格式与用法。

2.掌握手动编程的具体步骤及要领。

技能目标

1.应用镜像指令加工零件。

2.熟练铣床的操作。

思政目标

1.让学生体会工匠精神，培养学生的大国制造情怀。

2.让学生养成良好的课堂习惯与组织纪律。

一、知识引入

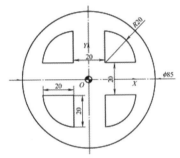

根据如图 4-7-1 的要求，四个扇形凸台高 5 mm，试采用镜像功能完成四个扇形凸台的数控铣削加工。

图 4-7-1　扇形组合图

二、知识导学

（一）简单加工工艺分析

简单加工工艺分析参考如表 4-7-1 所示。

表 4-7-1　简单加工工艺分析参考

选用刀具			
名称	平面盘铣刀	立铣刀	倒角刀
用途	铣平面	铣侧面、底面	边倒角
选用夹具			
名称	精密平口钳		
用途	小型工件的平行面安装与夹持		

续表

选用量具						
名称	游标卡尺		外径千分尺		深度游标卡尺	
用途	粗量毛坯与粗加工后尺寸		量取外轮廓尺寸		测量深度尺寸	
切削用量		ϕ80 mm平面盘铣刀		ϕ10 mm立铣刀	ϕ8 mm倒角刀	
	粗加工	主轴转速n	800 r/min	主轴转速n	1200 r/min	
		侧吃刀量a_e	70 mm	侧吃刀量a_e	4 mm	
		背吃量a_p	1 mm	背吃量a_p	5 mm	
		进给速度f	500 mm/min	进给速度f	120 mm/min	
	精加工	主轴转速n	1000 r/min	主轴转速n	1500 r/min	主轴转速n	5000 r/min
		侧吃刀量a_e	70 mm	侧吃刀量a_e	0.5 mm	侧吃刀量a_e	0.5 mm
		背吃量a_p	0.5 mm	背吃量a_p	0.5 mm	背吃量a_p	0.5 mm
		进给速度f	500 mm/min	进给速度f	100 mm/min	进给速度f	1000 mm/min

（二）镜像指令

1.指令格式

指令格式:G51.1 X_ Y_ ;

　　　　G50.1 X_ Y_ 。

指令功能:G51.1指令建立镜像功能,G50.1指令取消镜像功能。

指令说明:X_ Y_ 表示镜像对称轴(点)的位置。

例如:G51.1 X0 Y0 是关于坐标原点对称,相当于绕坐标原点旋转180°。G51.1 X0 是关于Y轴镜像, G51.1 Y0 是关于X轴镜像,而 G51.1 X15 指令的是以过X=15 mm处的一条平行于Y轴的竖直线为对称轴。

2.注意事项

（1）在指定坐标平面对某个轴镜像时,某些指令会发生变化,如表4-7-2所示。

表4-7-2　镜像加工的变化

指令	说明
圆弧指令	G02 和 G03 互换
刀具半径补偿指令	G41 和 G42 互换
坐标系旋转指令	CW 和 CW（旋转方向）互换

（2）数控系统的数据处理顺序是从程序镜像到比例缩放和坐标系旋转。应按该顺序指定指令,取消时, 按相反顺序。在比例缩放或坐标系旋转方式,不能指定 G51.1 或 G50.1。

（三）子程序

当同样的一组程序被重复使用多于一次时,经常把它编成子程序。

1.格式

O****;　　　子程序名

…;

…;　　　子程序主体

⋮

…;

M99;　　　子程序结束

FANUCA系统的子程序名用字母"O"打头,后面跟4位自然数,可区分9999个不同的子程序。子程序的格式和主程序完全相同,M99是子程序结束指令,遇到M99时返回主程序断点。

2.子程序调用(M98)

格式:

M98 P****　　L;

M98是子程序调用指令,P是调用子程序标志符,而后面的4位自然数是被调用的子程序的编号,它与子程序名中的"O"字母后面的数相同,L字是调用次数,缺省为1次。一般程序都是按顺序执行的,根据工艺要求,子程序调用指令被放在主程序合适的位置,当执行到M98 P****时,控制系统将转去执行子程序,遇到M99返回主程序断点。在子程序中,如果控制系统在读到M99以前读到了M02或M30,会停止零件程序执行,因此一般不在子程序中编写M02、M30。

(四)参考程序

镜像编程参考程序如表4-7-3所示。

表4-7-3　镜像编程参考程序

序号	O0001	程序解释
N10	G54 G90 G40 G49 G80 G69 G21 G17;	程序头
N20	G00Z100;	安全高度
N30	M03S1200;	主轴正转
N40	G00X0Y0;	观测对刀是否正确
N50	G00Z10;	安全高度
N60	M08;	冷却液开
N70	G01Z-5F50;	下深到Z-5
N80	M98P1000;	调用子程序
N90	G51.1 X0;	Y轴镜像
N100	M98P1000;	调用子程序
N110	G51.1 Y0;	原点镜像
N120	M98P1000;	调用子程序
N130	G50.1 X0;	X轴镜像
N140	M98P1000;	调用子程序
N150	G50.1 Y0;	取消镜像
N160	G00Z100;	抬刀至安全高度Z100
N170	G00X0Y150;	把工件快速移动到一个可以目测和用量具测量尺寸的方便位置
N180	M30;	程序结束
N190	O1000;	子程序

续表

N200	G41G01X10Y0D1F150;	建立刀补
N210	Y30;	
N220	G02X30Y10R20;	
N230	G01X0;	
N240	G40X0Y0;	取消刀补
N250	M99;	子程序结束

（五）实际操作步骤

（1）检查毛坯。

（2）安装精密平口钳。

（3）装夹和找正工件。

（4）盘铣刀粗精铣上表面。

（5）对刀并建立工件坐标系（对刀前回一次全轴）。

（6）编程并模拟。

（7）正确回全轴。

按"POS"键，再分别按"绝对"→"操作"→"W预设置"→"所有轴"后就不需要重新对刀了。

（8）操作方面以先单段后连续方式加工零件。

（9）正确检测零件尺寸。

（10）6S打扫。

🔓 三、学后评价

技能训练学后评价如表4-7-4所示。

表4-7-4 技能训练学后评价

序号	评价内容	任务开始时间		班级	
		任务结束时间		姓名	
		要求	自评	互评	总评
1	工作服	干净整洁			
2	工量具使用规范	正确使用并使用规范，摆放整齐			
3	夹具安装与找正	方法正确，安装面水平度与垂直度符合要求			
4	刀具安装	方法正确			
5	铣床操作规范	符合操作流程与规范要求			
6	程序编写	校验后程序正确			
7	加工尺寸与形状精度	与图纸尺寸与形状相符合并达到要求			
8	加工表面质量	按表面粗糙度进行对比			
9	健康与安全	身体有无损伤			
10	工作效率与6S工作	是否超时，是否做好工位打扫整理与清理等			
每项10分，共100分			最后总评分		

✏️ 四、课后一练

1.默写 G51.1/G50.1 指令格式并说明其含义。

2.用镜像功能给如图4-7-2所示的圆角组合图编程,深度为2 mm。

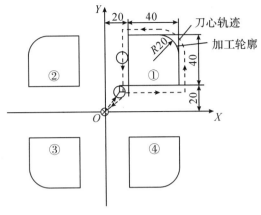

图4-7-2　圆角组合图

五、课后一想

预习下一节内容,思考如何使用坐标旋转指令。

任务八　坐标旋转指令(G68、G69)

课程目标

知识目标

1.掌握G68、G69指令的格式与用法。

2.掌握手动编程的具体步骤及要领。

技能目标

1.应用旋转坐标指令加工零件。

2.熟练铣床的操作。

思政目标

1.让学生体会工匠精神,培养学生的大国制造情怀。

2.让学生养成良好的课堂习惯与组织纪律。

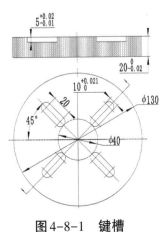

一、知识引入

根据图纸的要求,应用旋转坐标功能完成如图4-8-1所示的键槽零件的铣削加工。

图4-8-1　键槽

二、知识导学

（一）简单加工工艺分析

简单加工工艺分析参考如表4-8-1所示。

表4-8-1 简单加工工艺分析参考

选用刀具			
名称	平面盘铣刀	立铣刀	倒角刀
用途	铣平面	铣侧面、底面	边倒角
选用夹具			
名称	精密平口钳		
用途	小型工件的平行面安装与夹持		
选用量具			
名称	游标卡尺	外径千分尺	深度游标卡尺
用途	粗量毛坯与粗加工后尺寸	量取外轮廓尺寸	测量深度尺寸

切削用量		$\phi80$ mm平面盘铣刀		$\phi10$ mm立铣刀		$\phi8$ mm倒角刀	
	粗加工	主轴转速n	800 r/min	主轴转速n	1000 r/min		
		侧吃刀量a_e	70 mm	侧吃刀量a_e	4 mm		
		背吃量a_p	1 mm	背吃量a_p	4.5 mm		
		进给速度f	500 mm/min	进给速度f	120 mm/min		
	精加工	主轴转速n	1000 r/min	主轴转速n	1500 r/min	主轴转速n	5000 r/min
		侧吃刀量a_e	70 mm	侧吃刀量a_e	0.5 mm	侧吃刀量a_e	0.5 mm
		背吃量a_p	0.5 mm	背吃量a_p	0.5 mm	背吃量a_p	0.5 mm
		进给速度f	500 mm/min	进给速度f	100 mm/min	进给速度f	1000 mm/min

（二）坐标系旋转指令（G68、G69）

1.指令格式

指令格式：G68 X_ Y_ R_ ;

　　　　　　G69；

指令功能：用坐标系旋转指令可将工件旋转某一指定的角度；

　　　　　　模态指令，G68建立坐标系旋转，G69取消坐标系旋转。

指令说明：X_ Y_为旋转中心的绝对坐标值；

　　　　　　R为旋转角度，逆时针旋转为正方向，顺时针旋转为负方向。

2.说明

（1）旋转角度的最小输入单位为0.001°，有效数据范围为−360.000°～360.000°。

（2）利用旋转指令也能做镜像加工，但前提是加工部分必须对称。

(三)参考程序

坐标旋转编程参考程序如表4-8-2所示。

表4-8-2 坐标旋转编程参考程序

序号	O0001	程序解释
N10	G54 G90 G40 G49 G80 G69 G21 G17;	程序头
N20	G00Z100;	安全高度
N30	M03S800;	主轴正转
N40	G00X0Y0;	观测对刀是否正确
N50	G00Z10;	安全高度
N60	M08;	冷却液开
N70	G68X0Y0R45;	坐标系旋转
N80	M98P1000;	子程序调用
N90	G68X0Y0R135;	坐标系旋转
N100	M98P1000;	子程序调用
N110	G68X0Y0R225;	坐标系旋转
N120	M98P1000;	子程序调用
N130	G68X0Y0R315;	坐标系旋转
N140	M98P1000;	子程序调用
N150	G00Z100	抬刀至安全高度Z100
N160	G00X0Y150;	把工件快速移动到一个可以目测和用量具测量尺寸的方便位置
N170	M30;	程序结束
N10	O1000;	子程序
N20	G90G00X25Y0;	下刀点
N30	G01Z-4.5F50;	下刀
N40	G01X45Y0F100;	走刀
N50	Z5;	抬刀
N60	M99;	子程序结束

(四)实际操作步骤

(1)检查毛坯。

(2)安装精密平口钳。

(3)装夹和找正工件。

(4)盘铣刀粗精铣上表面。

(5)对刀并建立工件坐标系(对刀前先回全轴)。

(6)编程并模拟。

(7)正确回全轴。

按"POS"键,再分别按"绝对"→"操作"→"W预设置"→"所有轴"后就不需要重新对刀了。

(8)操作方面以先单段后连续方式加工零件。

(9)正确检测零件尺寸。

(10)6S打扫。

🔒 三、学后评价

技能训练学后评价如表4-8-3所示。

表4-8-3　技能训练学后评价

序号	评价内容	任务开始时间		班级		
		任务结束时间		姓名		
		要求		自评	互评	总评
1	工作服	干净整洁				
2	工量具使用规范	正确使用并使用规范,摆放整齐				
3	夹具安装与找正	方法正确,安装面水平度与垂直度符合要求				
4	刀具安装	方法正确				
5	铣床操作规范	符合操作流程与规范要求				
6	程序编写	校验后程序正确				
7	加工尺寸与形状精度	和图纸尺寸与形状相符合并达到要求				
8	加工表面质量	按表面粗糙度进行对比				
9	健康与安全	身体有无损伤				
10	工作效率与6S工作	是否超时,是否做好工位打扫整理与清理等				
每项10分,共100分				最后总评分		

✏️ 四、课后一练

1. 默写G68/G69指令格式并说明其含义。

2. 用旋转指令给如图4-8-2所示的圆弧槽编程并在铣床模拟。

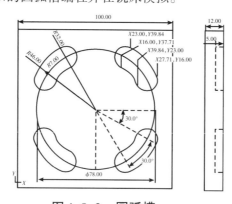

图4-8-2　圆弧槽

👤 五、课后一想

预习下一节内容,思考如何编椭圆程序。

任务九　简单宏程序语句的应用

课程目标

知识目标

1.掌握宏程序的编程思路。

2.掌握条件跳转语句编写程序。

技能目标

1.编制椭圆参数方程和条件跳转语句程序。

2.数控铣床的基本操作和数控铣削工件。

思政目标

1.通过工件的加工,让学生体验成功的喜悦。

2.让学生养成良好的课堂习惯、组织纪律和团队精神。

一、知识引入

在手编程序中,宏程序是必不可少的编程内容之一,数铣系统提供的跳转语句和循环语句在程序设计者和数控系统之间搭建了沟通的桥梁,使宏程序编程得以实现。其中,跳转语句可以改变程序的流向,使用得当可以让程序变得简洁易读。本节我们来具体学习一下宏程序中的跳转语句。

二、任务学习

在程序中,使用GOTO语句和IF语句可以改变程序的流向。有三种转移和循环操作可供使用。

转移和循环 $\begin{cases} \text{GOTO语句——无条件转移。} \\ \text{IF语句——条件转移,格式为:IF…THEN…} \\ \text{WHILE语句——当……时循环。} \end{cases}$

(一)无条件转移(GOTO语句)

无条件转移到顺序号为 n 的语句。当顺序号在1~99999范围以外时,就会有 PS1128 报警发出。另外,顺序号也可用表达式来指定。

格式:GOTO n ;　　　[n 为顺序号(1 ~ 99999)]

例如:GOTO 5 ;　　　程序转移至 N5 程序段。

　　GOTO #10;　　程序转移至 N#10 程序段。

注意:不可在一个程序中指定多个附带有相同顺序号的程序段。

说明:

反向转移比正向转移需要更长的时间。

在以GOTO n 指令转移的、顺序号 n 的程序段中,顺序号必须在程序段的开头。顺序号不在程序段的开头时不可转移。如果编写了类似"G00 X20.6 Y90.5 N3"这样的程序,GOTO 3 语句无法找到不在程序开头的N3。

(二)条件转移(IF语句)

IF之后指定条件表达式。

(1)格式:IF[条件表达式]GOTO n;　　(n为程序的标号)

语义:指定表达式满足时,转移到标有顺序号n的程序段执行;指定的条件表达式不满足,则执行下一个程序段。

例如,变量#1的值大于100,则转移(跳转)到顺序号为N90的程序段。

(2)格式:IF[条件表达式]THEN 语句;

如果指定的条件表达式满足,则执行预先指定的宏程序语句,而且只执行一个宏程序语句。

IF[#1 EQ #2]THEN #3=10;如果 #1 和 #2 的值相同,10 赋值给#3。说明:

(1)条件表达式必须包括运算符。运算符插在两个变量中间或变量和常量中间,并且用"[ ]"封闭。表达式可以替代变量。

(2)运算符由两个字母组成(见表4-9-1),用于两个值的比较,以决定它们是相等还是一个值小于或大于另一个值。注意,不能使用不等号。

表4-9-1　运算符的含义

运算符	含义	英文注释
EQ	等于(=)	Equal
NE	不等于(≠)	Not Equal
GT	大于(>)	Great Than
GE	大于或等于(≥)	Great Than or Equal
LT	小于(<)	Less Than
LE	小于或等于(≤)	Less Than or Equal

典型程序示例:下面的程序为计算数值 1~100 的累加总和。

O1001;

#1=0;存储和数变量的初值

#2=1;被加数变量的初值

N5 IF [#2 GT 100] GOTO 99;当被加数大于 100 时转移到 N99

#1=#1+#2;计算和数

#2=#2+1;下一个被加数

GOTO 5;　转到 N5

N99 M30;　程序结束

(三)循环(WHILE语句)

在 WHILE 后指定一个条件表达式,当指定条件满足时,则执行从 DO 到 END 之间的程序,否则,转到 END 后的程序段。

格式:WHILE[条件表达式]DO m;

　　循环体;

END *m* ;（*m* 为取值的标号）

说明：

（1）当指定的条件表达式满足时,执行紧跟WHILE后的从DO到END之间的程序。DO *m* 与END *m* 必须成对出现。

（2）当指定的条件表达式不满足时,执行与DO对应的END后面的程序段。

（3）条件表达式和算符与IF语句相同。

（4）如果用1,2,3以外的数字作为识别号,则会有 PS0126 报警发出。

（5）条件判断语句(IF[条件表达式] GOTO *n*)和循环语句(WHILE)的区别:两者的区别在于判断的先后顺序不同,本质没有太大区别,但在实际应用中要注意它们微小的区别。一般能用 IF[条件表达式] GOTO *n* 的语句都可以用循环语句(WHILE)来替代,但有时用WHILE语句实现循环可减少处理时间。

（四）嵌套

在DO-END循环中的标号(1~3)可根据需要多次使用。但是需要注意的是,无论怎样多次使用,标号永远限制在1,2,3。此外,当程序有交叉重复循环(DO范围的重叠)时,会触发 P/S报警No.124。以下为关于嵌套的详细说明。

1.标号(1~3)可以根据需要多次使用

```
┌── WHILE[条件表达式]  DO 1;
│   程序
└── END 1;

    ...

┌── WHILE[条件表达式]  DO 1;
│   程序
└── END 1;
```

2.DO的范围不能交叉

```
┌── WHILE[条件表达式]  DO 1;
│   程序
│   WHILE[条件表达式]  DO 2;
│   ...                        ←── 错
│── END 1;
│   程序
└── END 2;
```

3.DO循环可以三重嵌套

```
        WHILE［条件表达式］ DO 1；
        …
        WHILE［条件表达式］ DO 2；
        …
        WHILE［条件表达式］ DO 3；
        程序
        END 3；
        …
        END 2；
        …
        END 1；
```

4.(条件)转移可以跳出循环的外边,但是(条件)转移不能进入循环区内

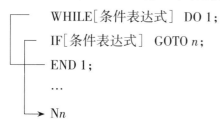

```
        WHILE［条件表达式］ DO 1；
        IF［条件表达式］ GOTO n；
        END 1；
        …
        Nn
```

🗝 三、知识导学

加工零件如图4-9-1所示,长方体铝件上铣削解析方程为 $X^2/30^2 + Y^2/19^2 = 1$ 的椭圆凸台轮廓,毛坯尺寸为 100 mm×80 mm×30 mm,材料为硬铝。要求编写数控铣削椭圆凸台的宏程序代码。

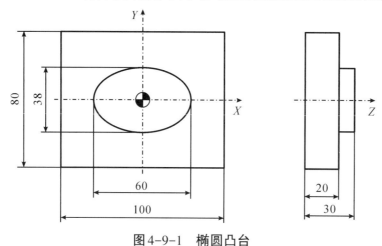

图4-9-1 椭圆凸台

(一)零件图的分析

该实例要求在长方体毛坯体上铣削椭圆形状的凸台轮廓,铣削深度10 mm(Z方向),加工和编程之前需要考虑以下方面。

(1)铣床的选择:FANUC系统数控铣床。

(2)装夹方式:采用精密平口钳装夹,毛坯高度伸出钳口15～20 mm。

(3)刀具的选择:φ10 mm的立铣刀(1号刀具)。

(4)安装寻边器,对刀,以零件的几何中心为工件坐标系原点,即选长方体的中心位置(椭圆的中心)。

(5)Z向编程原点设置在零件的上表面,存入G54工件坐标系中。

(二)选用合适刀具、夹具、工量具等,并选择合适的切削参数

简单工艺参考如表4-9-2所示。

表4-9-2 简单工艺参考

选用刀具			
名称	平面盘铣刀	圆柱立铣刀	倒角刀
用途	铣平面	铣侧面、底面	边倒角
选用夹具			
名称	精密平口钳		
用途	小型工件的平行面安装与夹持		
选用量具			
名称	游标卡尺	深度游标卡尺	外径千分尺
用途	粗量毛坯与粗加工后尺寸	测量深度尺寸	量取外轮廓尺寸尺寸

切削用量		$\phi80$ mm平面盘铣刀		$\phi10$ mm立铣刀		
	粗加工	主轴转速n	800 r/min	主轴转速n	1200 r/min	
		侧吃刀量a_e	70 mm	侧吃刀量a_e	5 mm	
		背吃量a_p	1 mm	背吃量a_p	2 mm	
		进给速度f	500 mm/min	进给速度f	120 mm/min	
	精加工	主轴转速n	1000 r/min	主轴转速n	2000 r/min	
		侧吃刀量a_e	70 mm	侧吃刀量a_e	0.2 mm	
		背吃量a_p	0.5 mm	背吃量a_p	0.5 mm	
		进给速度f	500 mm/min	进给速度f	100 mm/min	

(三)操作步骤

(1)检查毛坯。

(2)安装精密平口钳。

(3)装夹和找正工件。

(4)盘铣刀粗精铣上表面。

(5)对刀并建立工件坐标系。

(6)编程并模拟。

首先分析图纸,根据实际工艺要求编写程序,然后在铣床锁住状态下完成程序的模拟加工,检查程序的正确性。参考程序如表4-9-3所示。

表4-9-3　参考程序

	O1002;	
	G15G17G21G40G49G54G80G90;	
	G00Z100;	
	X0Y0;	
	M03S1200;	
	M08;	
	G00X65Y10;	X、Y轴分别移动到X65、Y10处
	G00Z5;	
	G41G01X[30.2]D01F120;	建立刀具半径左补偿
	Y0;	
	#2=-1.9;	控制Z轴深度
	#3=0.2;	精加工余量
N50	G01Z[#2]F50;	下刀深度
	#100=360;	角度赋初始值
N10	#101=[30+#3]*COS[#100];	计算#101号变量的值,每次铣削对应的X的值
	#102=[19+#3]*SIN[#100];	计算#102号变量的值,每次铣削对应的Y的值
	G01X[#101]Y[#102]F120;	铣削椭圆
	#100= #100-1;	#100号变量自减1
	IF [#100GE0]GOTO10;	条件判断语句,若#100号变量≥0,则跳转到标号为10的程序段处执行,否则执行下一程序段
	#2=#2-1.9;	#2号变量依次递减1.9 mm,控制Z轴铣削深度并留余量
	IF[#2GT-10]GOTO50;	条件判断语句,若#2>-10,则跳转到标号为50的程序段处执行,否则执行下一程序段
	#3=0;	精加工
	#2=-10 GOTO50;	精加工
	G00Z100;	
	G40G00X0Y0Y120;	
	M30;	

🔓 四、学后评价

技能训练学后评价如表4-9-4所示。

表4-9-4　技能训练学后评价

序号	评价内容	任务开始时间		班级		
		任务结束时间		姓名		
		要求		自评	互评	总评
1	工作服	干净整洁				
2	工量具使用规范	正确使用并使用规范,摆放整齐				
3	夹具安装与找正	方法正确,安装面水平度与垂直度符合要求				
4	刀具安装	方法正确				

5	铣床操作规范	符合操作流程与规范要求			
6	程序编写	校验后程序正确			
7	加工尺寸与形状精度	和图纸尺寸与形状相符合并达到要求			
8	加工表面质量	按表面粗糙度进行对比			
9	健康与安全	身体有无损伤			
10	工作效率与6S工作	是否超时,是否做好工位打扫整理与清理等			
每项10分,共100分			最后总评分		

五、课后一练

请分析下面表达式的运算顺序。

(1)圆的宏程序方程。

(2)双曲线的宏程序方程。

(3)抛物线的宏程序方程。

六、课后一想

思考编写如图4-9-2所示椭圆轮廓的加工程序。

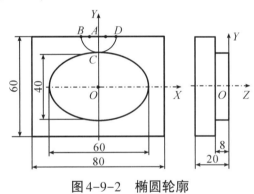

图4-9-2　椭圆轮廓

109

项目五　岗位操作的提升练习

任务一　数控铣加工工艺与精度的认识

任务二　槽轮机构的认识与加工

任务三　太极八卦图的制作

任务四　企业简单零件1(凸轮)

任务五　企业简单零件2(叶轮)

任务一 数控铣加工工艺与精度的认识

课程目标

知识目标

了解数控铣加工工艺与精度的内容。

技能目标

掌握数控铣加工工艺方案的制订。

思政目标

让学生养成良好的课堂纪律与职业素养。

一、知识引入

在数控铣床上加工零件与在普通铣床上加工零件所涉及的工艺问题大致相同。首先要对被加工零件进行工艺分析和处理,然后根据工艺装备的特点拟订出合理的工艺方案,最后编制出零件加工的工艺规程或加工程序。下面针对数控铣床加工的特性介绍数控铣加工工艺与精度的内容。

二、知识导学

（一）数控铣床的加工工艺

在选择并决定数铣加工零件及其加工内容后,应对零件的数控加工工艺性进行全面、认真、仔细的分析。主要内容包括产品的零件图样分析、结构工艺性分析和零件的安装方式的选择等内容。

1.零件图分析

首先应熟悉零件在产品中的作用、位置、装配关系和工作条件,搞清楚各项技术要求对零件装配质量和使用性能的影响,找出主要和关键的技术要求,然后对零件图样进行分析。

（1）尺寸标注方法分析。零件图上尺寸标注方法应适应数控加工的特点,如图5-1-1(a)所示,在数控加工零件图上,应以同一基准标注尺寸或直接给出坐标尺寸。这种标注方法既便于编程,又有利于设计基准、工艺基准、测量基准和编程原点的统一。如果零件设计人员在尺寸标注中较多地考虑装配等使用方面的特性,而不得不采用图5-1-1(b)所示的局部分散的标注方法,这样就给工序安排和数控加工带来诸多不便。由于数控加工精度和重复定位精度都很高,不会因产生较大的累积误差而破坏零件的使用特性。因此,可将局部的分散标注法改为同一基准标注或直接给出坐标尺寸的标注法。

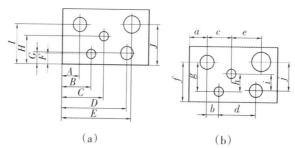

（a）   （b）

图5-1-1 零件尺寸标注分析

（2）零件图的完整性与正确性分析。构成零件轮廓的几何元素（点、线、面）的条件（如相切、相交、垂直和平行等),是数控编程的重要依据。手工编程时,要依据这些条件计算每一个节点的坐标;自动编程时,则要根据这些条件才能对构成零件的所有几何元素进行定义,无论哪一项条件不明确,编程都无法进行。因此,在分析零件图样时,务必分析几何元素的给定条件是否充分。

(3)零件技术要求分析。零件的技术要求主要是指尺寸精度、形状精度、位置精度、表面粗糙度及热处理等。这些要求在保证零件使用性能的前提下,应经济合理。过高的精度和表面粗糙度要求会使工艺过程复杂、加工困难、成本提高。

(4)零件材料分析。在满足零件功能的前提下,应选用廉价、切削性能好的材料。

2.零件的结构工艺性分析

零件的结构工艺性是指所设计的零件在满足使用要求的前提下制造的可行性和经济性。良好的结构工艺性,可以使零件加工容易,节省工时和材料。而较差的零件结构工艺性,会使加工困难,浪费工时和材料,有时甚至无法加工。因此,零件各加工部位的结构工艺性应符合数控加工的特点。

(1)零件的内腔和外形最好采用统一的几何类型和尺寸,这样可以减少刀具规格和换刀次数,使编程方便,可提高生产率。

(2)内槽圆角的大小决定着刀具直径的大小,所以内槽圆角半径不应太小。对于图5-1-2所示的零件,其结构工艺性的好坏与被加工轮廓的高低、圆角圆弧半径的大小等因素有关。图5-1-2(b)与图5-1-2(a)相比,圆角圆弧半径大,可以采用较大直径的立铣刀来加工;加工平面时,进给次数也相应减少,表面加工质量也会好一些,因而工艺性较好。通常当$R<0.2H$时,可以判定零件该部位的工艺性不好。

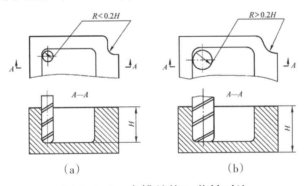

图5-1-2 内槽结构工艺性对比

(3)铣槽底平面时,槽底圆角半径r不要过大。如图5-1-3所示,铣刀端面刃与铣削平面的最大接触直径$d=D-2r$(D为铣刀直径),当D一定时,r越大,铣刀端面刃铣削平面的面积越小,加工平面的能力就越差,效率越低,工艺性也越差。当r大到一定程度时,甚至必须用球头铣刀加工,这是应该尽量避免的。

(4)应采用统一的基准定位。在数控加工中若没有统一的定位基准,则会因工件的二次装夹而造成加工后两个面上的轮廓位置及尺寸不协调现象。另外,零件上最好有合适的孔作为定位基准孔。若没有,则应设置工艺孔作为定位基准孔。若无法制出工艺孔,则最起码也要用精加工表面作为统一基准,以减少二次装夹产生的误差。

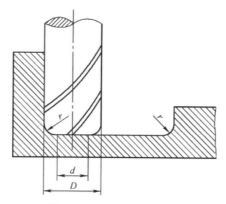

图 5-1-3　槽底平面圆弧对加工工艺的影响

3.数控铣床的合理选用

在数控铣床上加工零件,一般有以下两种情况:一种是有零件图样和毛坯,要选择适合加工该零件的数控铣床;另一种是已经有了数控铣床,要选择适合该铣床加工的零件。无论是哪种情况,考虑的因素主要有毛坯的材料和类型、零件轮廓形状复杂程度、尺寸大小、加工精度、零件数量、热处理要求等。概括起来,铣床的选用要满足以下要求:保证加工零件的技术要求,能够加工出合格产品;有利于提高生产率;可以降低生产成本。

由于每一类铣床都有不同的形式,其工艺范围、技术规格、加工精度、生产率及自动化程度都各不相同。为每一道工序选择合适的铣床,除了充分了解铣床的性能外,尚需考虑以下几点。

(1)铣床的类型应与工序划分的原则相适应。数控铣床或通用铣床适用于工序集中的单件小批生产;对大批量生产,则应选择高效自动化铣床和多刀、多轴铣床。加工工序按分散原则划分,则应选择结构简单的专用铣床。

(2)铣床的主要规格尺寸应与工件的外形尺寸和加工表面的有关尺寸相适应,即小工件用小规格的铣床加工,大工件用大规格的铣床加工。

(3)铣床的精度与工序要求的加工精度相适应。粗加工工序应选用精度低的铣床;精度要求高的精加工工序,应选用精度高的铣床。但铣床精度不能过低,也不能过高。铣床精度过低,不能保证加工精度;铣床精度过高,会增加零件制造成本。应根据零件加工精度要求合理选择铣床。

从加工工艺的角度分析,选用的数控铣床还必须适应被加工零件的形状、尺寸精度和生产进度等要求。

(二)数控加工工艺路线确定

工艺路线的拟订是制订工艺规程的重要内容之一,其主要内容包括:选择定位基准、选择加工方法、划分加工阶段、安排工序顺序等。设计者应根据从生产实践中总结出来的一些综合性工艺原则,结合实际生产条件,制订最佳的工艺路线。

1.定位基准的选择

选择定位基准的基本原则如下。

(1)粗基准的选择原则。

①相互位置要求原则。

②加工余量合理分配原则。

③重要表面原则。

④不重复使用原则。

⑤便于工件装夹原则。

（2）精基准的选择原则。

①基准重合原则。

②基准统一原则。

③自为基准原则。

④互为基准原则。

⑤便于装夹原则。

（3）辅助基准的选择。

辅助基准是为了便于装夹或易于实现基准统一而人为制成的一种定位基准,如轴类零件加工所用的两个中心孔、如图5-1-4所示的汽车发动机机体加工时的工艺孔等,它不是零件的工作表面,只是出于工艺上的需要才做出的。又如图5-1-5所示的零件,为安装方便,毛坯上专门铸出工艺搭子,也是典型的辅助基准,加工完毕后应将其从零件上切除。

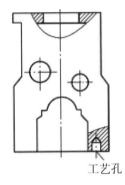

图5-1-4 辅助基准典型实例（一）

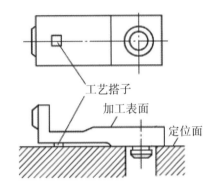

图5-1-5 辅助基准典型实例（二）

2.加工方法的选择

机械零件的结构形状是多种多样的,但它们都是由平面、外圆柱面、内圆柱面、曲面、成形面等基本表面组成的。每种表面都有多种加工方法,具体选择时应根据零件的加工精度、表面粗糙度、材料、结构形状、尺寸及生产类型等因素,选用相应的加工方法和加工方案。

（1）外圆表面加工方法的选择。外圆表面的主要加工方法是车削和磨削。当表面质量要求较高时,还要经光整加工。

①最终工序为车削的加工方案,适用于除淬火钢以外的各种金属。

②最终工序为磨削的加工方案,适用于淬火钢、未淬火钢和铸铁,不适用于有色金属,因为有色金属韧性大,磨削时易堵塞砂轮。

③最终工序为精细车或金刚车的加工方案,适用于要求较高的有色金属的精加工。

④最终工序为光整加工,如研磨、超精磨及超精加工等,为提高生产率和加工质量,一般在光整加工前进行精磨。

⑤对表面质量要求高而尺寸精度要求不高的外圆,可采用滚压或抛光。

（2）内孔表面加工方法的选择。内孔表面加工方法有钻孔、扩孔、铰孔、镗孔、拉孔、磨孔和光整加工。常用的孔加工方案应根据被加工孔的加工要求、尺寸、具体生产条件、批量的大小及毛坯上有无预制孔等情况合理选用。

①加工精度为IT9级的孔,当孔径小于10 mm时,可采用钻铰方案;当孔径小于30 mm时,可采用钻扩方案;当孔径大于30 mm时,可采用钻镗方案。工件材料为淬火钢以外的各种金属。

②加工精度为IT8级的孔,当孔径小于20 mm时,可采用钻铰方案;当孔径大于20 mm时,可采用钻扩

铰方案,此方案适用于加工淬火钢以外的各种金属,但孔径应在20～80 mm之间,此外也可采用最终工序为精镗或拉削的方案。淬火钢可采用磨削加工。

③加工精度为IT7级的孔,当孔径小于12 mm时,可采用钻-粗铰-精铰方案;当孔径在12～60 mm范围时,可采用钻—扩—粗铰—精铰方案或钻—扩—拉方案。若毛坯上已铸出或锻出孔,可采用粗镗-半精镗-精镗方案或粗镗-半精镗-磨孔方案。 最终工序为铰孔的方案适用于未淬火钢或铸铁,对有色金属铰出的孔表面粗糙度值较大,常用精细镗孔替代铰孔;最终工序为拉孔的方案适用于大批量生产,工件材料为未淬火钢、铸铁和有色金属;最终工序为磨孔的方案适用于加工除硬度低、韧性大的有色金属以外的淬火钢、未淬火钢及铸铁。

④加工精度为IT6级的孔,最终工序采用手铰、精细镗、研磨或珩磨等均能达到要求,视具体情况选择。韧性较大的有色金属不宜采用珩磨,可采用研磨或精细镗。研磨对大、小直径孔均适用,而珩磨只适用于大直径孔的加工。

(3)平面加工方法的选择。平面的主要加工方法有铣削、刨削、车削、磨削和拉削等,精度要求高的平面还需要经研磨或刮削加工。

①最终工序为刮研的加工方案多用于单件小批量生产中配合表面要求高且非淬硬平面的加工。 当批量较大时,可用宽刀细刨代替刮研,宽刀细刨特别适用于加工像导轨面这样的狭长平面,能显著提高生产率。

②磨削适用于直线度及表面质量要求较高的淬硬工件和薄片工件以及未淬硬钢件上面积较大的平面的精加工,但不宜加工塑性较大的有色金属。

③车削主要用于回转零件端面的加工,以保证端面与回转轴线的垂直度要求。

④拉削平面适用于大批量生产中的加工质量要求较高且面积较小的平面。

⑤最终工序为研磨的方案适用于精度高、表面质量要求高的小型零件的精密平面,如量规等精密量具的表面。

(4)平面轮廓和曲面轮廓加工方法的选择。

①平面轮廓常用的加工方法有数控铣、线切割及磨削等。

②立体曲面加工方法主要是数控铣削,多用球头铣刀,以"行切法"加工。

3.加工阶段划分

当零件的加工质量要求较高时,往往不可能用一道工序来满足其要求,而要用几道工序逐步达到所要求的加工质量。为保证加工质量和合理地使用设备、人力,零件的加工过程通常按工序性质不同,可分为粗加工、半精加工、精加工和光整加工四个阶段。

(1)粗加工阶段。粗加工阶段的任务是切除毛坯上大部分多余的金属,使毛坯在形状和尺寸上接近零件成品,因此,其主要目的是提高生产率。

(2)半精加工阶段。半精加工阶段的任务是使主要表面达到一定的精度,留有一定的精加工余量,为主要表面的精加工(如精车、精磨)做好准备,并可完成一些次要表面加工,如扩孔、攻螺纹、铣键槽等。

(3)精加工阶段。精加工阶段的任务是保证各主要表面达到规定的尺寸精度和表面粗糙要求。主要目的是全面保证加工质量。

(4)光整加工阶段。对零件上精度和表面质量要求很高(IT6级以上,表面粗糙度值为$Ra0.2$ μm以下)的表面,需进行光整加工,其主要目的是提高尺寸精度、减小表面粗糙度值。一般不用来提高位置精度。

4.工序顺序的安排

(1)工序划分的原则。工序的划分可以采用两种不同原则,即工序集中原则和工序分散原则。

①工序集中原则。工序集中原则是指每道工序应包括尽可能多的加工内容,从而使工序的总数减少。采用工序集中原则的优点是:有利于采用高效的专用设备和数控铣床,提高生产率;减少工序数目,缩短工艺路线,简化生产计划和生产组织工作;减少铣床数量、操作工人数和占地面积;减少工件装夹次数,不仅保证了各加工表面间的相互位置精度,而且减少了夹具数量和装夹工件的辅助时间。缺点是专用设备和工艺装备投资大,调整维修比较麻烦,生产准备周期较长,不利于转产。

②工序分散原则。工序分散原则就是将工件的加工分散在较多的工序内进行,每道工序的加工内容很少。采用工序分散原则的优点:加工设备和工艺装备结构简单,调整和维修方便,操作简单,转产容易;有利于选择合理的切削用量,减少机动时间。缺点是工艺路线较长,所需设备及工人人数多,占地面积大。

(2)工序划分的方法。在数控铣床上加工零件,工序应比较集中,在一次装夹中应尽可能完成大部分工序。首先应根据零件图样,考虑被加工零件是否可以在一台数控铣床上完成整个零件的加工工作。若不能,则应选择哪一部分零件表面需用数控铣床加工,即对零件进行工序划分,一般工序划分有以下几种方式。

①按零件装夹定位方式划分工序。因为每个零件结构形状不同,各表面的技术要求也有所不同,所以加工时的定位方式各有差异。一般加工外形时,以内形定位,加工内形时以外形定位。因而可根据定位方式的不同来划分工序。

②按粗、精加工划分工序。根据零件的加工精度、刚度和变形等因素来划分工序时,可按粗、精加工分开的原则来划分工序,即先粗加工再精加工。此时可用不同的铣床或不同的刀具进行加工。通常在一次装夹中,不允许将零件某一部分表面加工完毕后,再加工零件的其他表面。

③按所用刀具划分工序。为了减少换刀次数,压缩空程时间,减少不必要的定位误差,可按刀具集中工序的方法加工零件。即在一次装夹中,尽可能用同一把刀具加工出可能加工的所有部位,然后再换另一把刀加工其他部位。在专用数控铣床和加工中心中常采用这种方法。

(3)加工顺序的安排。在选定加工方法、划分工序后,工艺路线拟订的主要内容就是合理安排这些加工方法和加工工序的顺序。零件的加工工序通常包括切削加工工序、热处理工序和辅助工序(包括表面处理、清洗和检验等),这些工序的顺序直接影响到零件的加工质量、生产率和加工成本。因此,在设计工艺路线时,应合理安排好切削加工、热处理和辅助工序的顺序,并解决好工序间的衔接问题。

(三)数控加工工序设计

当数控加工工艺路线确定之后,各道工序的加工内容已基本确定,接下来便可以着手数控加工工序的设计。数控加工工序设计的主要任务是为每一道工序选择夹具、刀具及量具,确定定位夹紧方案、走刀路线与工步顺序、加工余量、切削用量等,为编制加工程序做好充分准备。

1.走刀路线和工步顺序的确定

走刀路线是刀具在整个加工工序中相对于工件的运动轨迹,它不但包括了工步的内容,而且也反映出工步的顺序。走刀路线是编写程序的依据之一。因此,在确定走刀路线时最好画一张工序简图,将已经拟订出的走刀路线画上去(包括进、退刀路线),这样可为编程带来很多方便。

工步顺序是指同一道工序中,各个表面加工的先后次序。它对零件的加工质量、加工效率和数控加工中的走刀路线有直接影响,应根据零件的结构特点和工序的加工要求等合理安排。工步的划分与安排一般可随走刀路线来进行。在确定走刀路线时,主要考虑以下几点。

(1)对点位加工的数控铣床,如钻、镗床,要考虑尽可能缩短走刀路线,以减少空程时间,提高加工效率。

(2)为保证工件轮廓表面加工后的质量要求,最终轮廓应安排在最后一次走刀连续加工出来。

(3)刀具的进、退刀路线须认真考虑,要尽量避免在轮廓处停刀或垂直切入、切出工件,以免留下刀痕

（切削力发生突然变化而造成弹性变形）。

（4）铣削轮廓的加工路线要合理选择，一般采用图5-1-6所示的三种走刀方式。在铣削封闭的凹轮廓时，刀具的切入或切出不允许外延，最好选在两面的交界处，否则会产生刀痕。

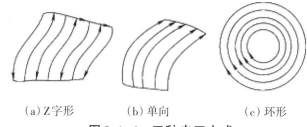

（a）Z字形　　　　（b）单向　　　　（c）环形

图5-1-6　三种走刀方式

（5）旋转体类零件的加工一般采用数控车或数控磨床加工，由于车削零件的毛坯多为棒料或锻件，加工余量大且不均匀，因此合理制定粗加工时的加工路线，对于编程至关重要。

2.工件的安装与夹具的选择

（1）工件安装的基本原则。在数控铣床上工件安装的原则与普通铣床相同，也要合理地选择定位基准和夹紧方案。为了提高数控铣床的效率，在确定定位基准与夹紧方案时应注意以下几点。

①力求设计基准、工艺基准与编程计算的基准统一。

②尽量减少装夹次数，尽可能在一次定位装夹后就加工出全部待加工表面。

③避免采用占机人工调整式方案，以充分发挥数控铣床的效能。

（2）夹具的选择。数控加工的特点对夹具提出了两个基本要求：一是要保证夹具的坐标方向与铣床的坐标方向相对固定；二是要能协调零件与铣床坐标系的尺寸关系。除此之外，还要考虑以下几点。

①当零件加工批量不大时，应尽量采用组合夹具、可调夹具和其他通用夹具，以缩短准备时间、节省生产费用。

②在成批生产时才考虑采用专用夹具，并力求结构简单。

③夹具要开敞，加工部位要开阔，夹具的定位、夹紧机构元件不能影响加工中的送给（如产生碰撞等）。

④装卸零件要快速、方便、可靠，以缩短准备时间，批量较大时应考虑采用气动或液压夹具、多工位夹具。

3.刀具的选择

刀具的选择是数控加工工序设计的重要内容之一，它不仅影响铣床的加工效率，而且直接影响加工质量。另外，数控铣床主轴转速比普通铣床高1～2倍，且主轴输出功率大，因此与传统加工方法相比，数控加工对刀具的要求更高，不仅要求精度高、强度大、刚度好、寿命长，而且要求尺寸稳定、安装调整方便。这就要求采用新型优质材料制造数控加工刀具，并合理选择刀具结构与几何参数。

刀具的选择应考虑工件材质、加工轮廓类型、铣床允许的切削用量和刚性等因素。一般情况下应优先选用标准刀具（特别是硬质合金可转位刀具），必要时也可采用各种高生产率的复合刀具及其他一些专用刀具。对于硬度大的难加工工件，可选用整体硬质合金、陶瓷刀具、CBN刀具等。刀具的类型、规格和精度等级应符合加工要求。

4.加工余量的确定

在毛坯加工成成品过程中，毛坯尺寸与成品零件图的设计尺寸之差就称为加工总余量（毛坯余量），即为某加工表面上切除的金属层的总厚度。相邻两工序的工序尺寸之差，即为后一道工序所切除的金属层厚度，称为工序余量。对于外圆和孔等旋转表面而言，加工余量是从直径上考虑的，故称对称余量（双边余量），实际所切除的金属的厚度是直径上的加工余量之半。平面的加工余量则是单边余量，它等于实际所切除的金属层厚度。工序尺寸有公差,故实际切除的余量大小不等。

确定加工余量的方法有以下三种。

(1)经验估计法。根据实践经验来估计和确定加工余量。

(2)查表修正法。根据有关手册推荐的加工余量数据,结合本单位实际情况进行适当修正后使用。

(3)分析计算法。根据一定的试验资料和计算公式,对影响加工余量的因素进行分析和综合计算来确定加工余量。

5.切削用量的确定

(1)切削用量。切削用量是指切削时各运动参数的数值,它是调整铣床的依据。切削用量包括切削速度、进给量和背吃刀量。这三者常称为切削用量三要素。

(2)切削用量的选择。切削用量是指在切削过程中,选取的切削速度、进给量和背吃刀量的具体数值。合理选择切削用量,对于保证质量、提高生产率和降低成本具有重要的作用。提高切削速度、加大进给量和背吃刀量,都使得单位时间内金属的切除量增多,因而都有利于生产率的提高。但实际上它们受工件材料、加工要求、铣床动力、铣床和工件的刚性等因素的限制,不可能任意选取。

①粗加工时切削用量的选择。粗加工时应尽快地切除多余的金属,同时还要保证规定的刀具寿命。实践证明,对刀具寿命影响最大的是切削速度,影响最小的是背吃刀量。

A.背吃刀量的选择。在铣床有效功率允许的条件下,应尽可能选取较大的背吃刀量,使大部分余量在一次或少数几次走刀中切除。在切削表层有硬皮的铸、锻件或切削不锈钢等加工硬化较严重的材料时,应尽量使背吃刀量越过硬皮或硬化层深度。

B.进给量的选择。根据铣床-夹具-工件-刀具组成的工艺系统的刚性,尽可能选择较大的进给量。

C.切削速度的选择。根据工件材料和刀具材料确定切削速度,使之在已选定的背吃刀量和进给量的基础上能够达到规定的刀具寿命。粗加工的切削速度一般选用中等或较低的数值。

②精加工时切削用量的选择。精加工时,首先应保证零件的加工精度和表面质量,同时也要考虑获得较高的生产率。

A.背吃刀量的选择。精加工通常选用较小的背吃刀量来保证加工精度。

B.进给量的选择。进给量的大小主要依据表面质量的要求选取,表面粗糙度Ra的数值较小时,一般选取较小的进给量。

C.切削速度的选择。精加工的切削速度选择应避开积屑瘤形成的切削速度区域,硬质合金刀具一般多采用较高的切削速度,高速钢刀具则采用较低的切削速度。在切削过程中,限制切削用量提高的因素是加工质量和铣床功率等。为此,一方面可在现有的铣床上使用耐热性和耐磨性更高的新型刀具材料,改进刀具的结构,提高刀具刃磨质量,正确选择和使用切削液,改善工件材料的切削加工性;另一方面使用功率大、刚性好的铣床,以便采用高速切削和强力切削。

(四)数铣加工零件的加工精度和表面质量

质量是表示产品优劣程度的参数。机械产品的工作性能和使用寿命在很大程度上取决于零件的加工质量。零件的加工质量是整个产品质量的基础,包括加工精度和表面质量两个方面。

1.机械加工精度

(1)加工精度的概念。加工精度是指零件加工后的几何参数(尺寸、几何形状和相互位置)的实际值与理想值之间的符合程度。而实际值与理想值之间的偏离程度(即差异)则为加工误差,加工误差的大小反映了加工精度的高低。加工精度包括如下三个方面。

①尺寸精度。它是指限制加工表面与其基准间的尺寸误差不超过一定的范围。

②几何形状精度。它是指限制加工表面的宏观几何形状误差,如圆度、圆柱度、平面度、直线度等。

③相互位置精度。它是指限制加工表面与其基准间的相互位置误差,如平行度、垂直度、同轴度、位置度等。

(2)影响加工精度的主要因素。

①工艺系统的几何误差。

A.加工原理误差。加工原理误差是指采用了近似的成形运动或近似形状的刀具进行加工而产生的误差。

用近似的成形运动或近似形状的刀具虽然会带来加工原理误差,但往往可以简化机床结构或刀具形状,以提高生产率。因此,只要这种方法产生的误差不超过允许的范围,就往往比准确的加工方法能获得更好的经济效益,在生产中仍然得到了广泛的应用。

B.机床误差。机床误差是由机床的制造、安装误差和使用中的磨损造成的。在机床的各类误差中,对工件加工精度影响较大的主要是主轴回转误差和导轨误差。

主轴回转误差主要影响零件加工表面的几何形状精度、位置精度和表面粗糙度。主轴回转误差主要包括其径向圆跳动、轴向窜动和摆动。

导轨是确定机床主要部件相对位置的基准件,也是运动的基准,它的各项误差直接影响着工件的精度。

C.夹具误差。产生夹具误差的主要原因是各夹具元件的制造精度不高、装配精度不高以及夹具在使用过程中工作表面的磨损。夹具误差将直接影响到工件表面的位置精度及尺寸精度,其中加工表面的位置精度受到的影响更大。

D.刀具误差。刀具的制造误差和使用中磨损是产生刀具误差的主要原因。刀具误差对加工精度的影响,因刀具的种类、材料等的不同而异。如定尺寸刀具(如钻头、铰刀等)的尺寸精度将直接影响工件的尺寸精度,成形刀具(如成形车刀、成形铣刀等)的形状精度将直接影响工件的形状精度。

②工艺系统受力变形引起的加工误差。

工艺系统在切削力、传动力、惯性力、夹紧力以及重力等的作用下,会产生相应的变形,从而破坏已调好的刀具与工件之间的正确位置,使工件产生几何形状误差和尺寸误差。

工艺系统受力变形通常与其刚度有关。工艺系统的刚度越好,其抵抗变形的能力越大,加工误差就越小。工艺系统的刚度取决于机床、刀具、夹具及工件的刚度。因此,提高工艺系统各组成部分的刚度,也就提高了工艺系统的整体刚度。

③工艺系统热变形产生的误差。

切削加工时,工艺系统由于受到切削热、机床传动系统的摩擦热及外界辐射热等因素的影响,常发生复杂的热变形,导致工件与刀刃之间已调整好的相对位置发生变化,从而产生加工误差。

A.机床的热变形。引起机床热变形的因素主要有电动机、电器和机械动力源的能量损耗转化发出的热,传动部件、运动部件在运动过程中发生的摩擦热,切屑或切削液落在机床上所传递的切削热,外界的辐射热等。这些热将或多或少地使机床床身、工作台和主轴等部件产生变形,改变加工中刀具和工件的正确位置,形成加工误差。

B.工件的热变形。产生工件热变形的原因主要是切削热。工件因受热膨胀会影响其尺寸精度和形状精度。为了减小工件热变形对加工精度的影响,常常采用切削液,通过切削液带走大量热量;也可以通过选择合适的刀具或改变切削参数来减少切削热的产生。对大型或较长的工件,采用弹性回转顶尖,使其在夹紧状态下,末端有伸长的空间。

C.工件内应力引起的误差。内应力是指去掉外界载荷后仍残留在工件内部的应力,它是工件在加工过程中,其内部宏观或微观组织发生不均匀的体积形变而产生的。有内应力的零件处于一种不稳定的相对平衡状态,它的内部组织有强烈要求恢复到稳定的、没有内应力的状态的倾向。一旦外界条件产生变化,如环境温度的改变、继续进行切削加工、受到撞击等,内应力的暂时平衡就会被打破,内应力会重新分布,零件将产生相应的变形,从而破坏原有的精度。

(3)提高加工精度的途径。生产实际中有许多减小误差的方法和措施,从消除或减小误差的技术上看,可将这些措施分成如下两大类。

①误差预防技术。

误差预防技术是指采取相应措施来减少或消除误差,亦即减少误差源或改变误差源与加工误差之间的数量转换关系。

例如,在铣床上加工细长轴时,因工件刚度差,容易产生弯曲变形而造成几何形状误差。为减少或消除几何形状误差,可采用如下一些措施。

A.采用跟刀架,消除径向力的影响。

B.采用反向走刀,使轴向力的压缩作用变为拉伸作用,同时采用弹性顶尖,消除可能的压弯变形。

②误差补偿技术。

误差补偿技术是指在现有条件下,通过分析、测量,并以这些误差为依据,人为地在工艺系统中引入一个附加的误差,使之与工艺系统原有的误差相抵消,以减小或消除零件的加工误差。

例如,数控铣床采用的滚珠丝杠,为了消除热伸长的影响,在精磨时有意将丝杠的螺距加工得小一些,装配时预加载荷拉伸,使螺距拉大到标准螺距,产生的拉应力用来吸收丝杠发热引起的热应力。

2.表面质量

(1)表面质量的概念。机械加工的表面质量是指零件经加工后的表面层状态,包括如下两方面的内容。

①表面层的几何形状偏差。

A.表面粗糙度。它指零件表面的微观几何形状误差。

B.表面波纹度。它指零件表面周期性的几何形状误差。

②表面层的物理、力学性能。

A.冷作硬化。这是指表面层因加工中塑性变形而引起的表面层硬度提高的现象。

B.残余应力。这是指表面层因机械加工产生剧烈的塑性变形和金相组织的可能变化而产生的内应力。按应力性质分为拉应力和压应力。

C.表面层金相组织变化。这是指表面层因切削加工时产生的切削热而引起的金相组织的变化。

(2)表面质量对零件使用性能的影响。

①对零件耐磨性的影响。零件的耐磨性不仅与材料及热处理有关,而且还与零件接触表面的粗糙度有关。当两个零件相互接触时,实质上只是两个零件接触表面上的一些凸峰相互接触,因此,实际接触面积比理论接触面积要小得多,从而使单位面积上的压力很大。当压力超过材料的屈服极限时,就会使凸峰部分产生塑性变形甚至被折断,或因接触面的滑移而迅速磨损。以后随着接触面积的增大,单位面积上的压力减小,磨损减慢。零件表面粗糙度值越大,磨损就越快,但这不等于说零件表面粗糙度值越小越好。如果零件表面粗糙度值小于合理值,则由于摩擦面之间的润滑油被挤出而形成干摩擦,反而使磨损加快。实验表明,最佳表面粗糙度 Ra 值大致为 $0.3\sim1.2~\mu m$。另外,如果零件表面有冷作硬化层或经淬硬,也可以提高零件的耐磨性。

②对零件疲劳强度的影响。零件表面层的残余应力对疲劳强度的影响很大。当残余应力为拉应力时,在拉应力作用下,会使表面的裂纹扩大,降低零件的疲劳强度,缩短产品的使用寿命;相反,当残余应力为压

应力时,可以延缓疲劳裂纹的扩展,从而提高零件的疲劳强度。

③冷作硬化对零件的疲劳强度影响也很大。表面层的加工硬化可以在零件的表面形成一个冷硬层,因而能阻碍表面层疲劳裂纹的出现,提高零件的疲劳强度。但若零件表面层的冷硬程度与硬化深度过大,则反而易产生裂纹甚至剥落,故零件的冷硬程度与硬化深度应控制在一定范围内。

④对零件配合性质的影响。在间隙配合中,如果配合表面粗糙,磨损后会使配合间隙增大,改变了原配合性质;在过盈配合中,如果配合表面粗糙,则装配后的表面的凸峰将被挤平,而使有效过盈量减小,降低配合的可靠性。所以,对有配合要求的表面,应标注相应的表面质量要求。

(3)影响表面粗糙度的工艺因素及改善措施。

零件在切削加工过程中,由于刀具几何形状和切削运动引起的残留余量、黏结在刀具刃口上的积屑瘤在工件上划出的沟纹、工件与刀具之间的振动引起的振动波纹,以及刀后面磨损造成的挤压与摩擦痕迹等,使零件上形成了凸凹不平的表面,凹凸不平的程度通常用表面粗糙度来衡量。影响表面粗糙度的工艺因素主要有工件材料、切削用量、刀具几何参数及切削液等。

①工件材料。一般韧度较大的塑性材料,加工后表面粗糙度值较大;而韧度较小的塑性材料,加工后易得到较小的表面粗糙度值。对于同种材料,其晶粒组织越大,加工表面粗糙度值也越大。因此,为了减小加工表面粗糙度值,常在切削加工前对材料进行调质或正火处理,以获得均匀细密的晶粒组织和提高材料的硬度。

②切削用量。加工时,进给量越大,零件表面就越粗糙。因此,减小进给量可有效地减小表面粗糙度值。

切削速度对表面粗糙度的影响也很大。在中速切削塑性材料时,由于容易产生积屑瘤,且塑性变形较大,因此加工后零件表面粗糙度值较大。通常,采用低速或高速切削塑性材料,可有效地避免积屑瘤的产生,这对减小表面粗糙度值有积极作用。

③刀具几何参数。刀具的主偏角、副偏角以及刀尖圆弧半径对零件表面粗糙度有直接影响。在进给量一定的情况下,减小主偏角和副偏角,或增大刀尖圆弧半径,可减小表面粗糙度值。另外,适当增大刀具的前角和后角,减小切削变形和与前、后面间的摩擦,可抑制积屑瘤的产生,减小表面粗糙度值。

④切削液。切削液的冷却和润滑作用能减少切削过程中的界面摩擦,降低切削区温度,使切削层金属表面的塑性变形程度下降,抑制积屑瘤的产生,从而可大大减小表面粗糙度值。

三、课后一练

1.零件的数控加工工艺分析包含哪些内容?

2.加工精度包含哪些方面的内容?

四、课后一想

查一查资料,想一想零件精度对机械运动的重要性。

任务二　槽轮机构的认识与加工

课程目标

知识目标

掌握槽轮机构的用途与种类。

技能目标

学会槽轮的加工。

思政目标

让学生养成良好的职业素养与工匠精神。

一、知识引入

槽轮机构(Geneva Mechanism)是由装有圆柱销的主动拨盘、槽轮和机架组成的单向间歇运动机构,又称马耳他机构。它常被用来将主动件的连续转动转换成从动件的带有停歇的单向周期性转动。槽轮机构的结构简单,外形尺寸小,机械效率高,并能较平稳地、间歇地进行转位。但因为传动时尚存在柔性冲击,所以常用于速度不太高的场合。

二、知识导学

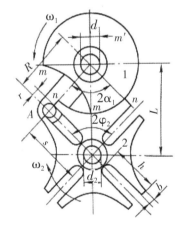

图5-2-1　槽轮机构

(一)槽轮机构的结构

槽轮机构的典型结构如图5-2-1所示,它由主动拨盘1、从动槽轮2和机架组成。拨盘1以等角速度做连续回转,当拨盘上的圆销A未进入槽轮的径向槽时,槽轮的内凹锁止弧被拨盘1的外凹锁止弧卡住,故槽轮不动。图5-2-1所示为圆销A刚进入槽轮径向槽时的位置,此时锁止弧也刚被松开。此后,槽轮受圆销A的驱使而转动。而圆销A在另一边离开径向槽时,锁止弧又被卡住,槽轮又静止不动。直至圆销A再次进入槽轮的另一个径向槽时,又重复上述运动。所以,槽轮做时动时停的间歇运动。

(二)槽轮机构的分类

槽轮机构有外槽轮机构(External Geneva Mechanism)和内槽轮机构(Internal Geneva Mechanism)之分。它们均用于平行轴间的间歇传动,但前者槽轮与拨盘转向相反,而后者则转向相同。外槽轮机构应用比较广泛。

例如:(1)电影放映机,如图5-2-2所示。

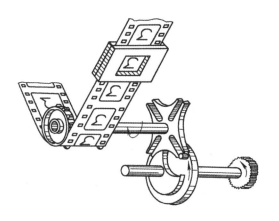

图 5-2-2　电影放映机

（2）单轴六角自动车床转塔刀架的转位机构，如图 5-2-3 所示。

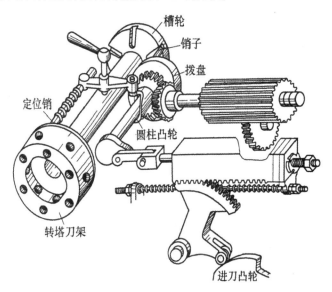

图 5-2-3　自动车床转塔刀架的转位机构

　　通常，槽轮上的各槽是均匀分布的，并且是用于传递平行轴之间的运动，这样的槽轮机构称为普通槽轮机构。在某些机械中也还用到一些特殊形式的槽轮机构。如图 5-2-4 所示的不等臂长的多销槽轮机构，其径向槽的径向尺寸不同，拨盘上圆销的分布也不均匀。这样，在槽轮转一周中，可以实现几个运动时间和停歇时间均不相同的运动要求。

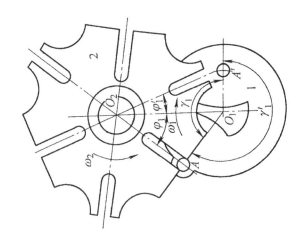

图 5-2-4　不等臂长的多销槽轮机构

　　当需要在两相交轴之间进行间歇传动时，可采用球面槽轮机构（Spherical Geneva Mechanism）。图 5-2-5

所示为两相交轴间夹角为90°的球面槽轮机构。其从动槽轮2呈半球形,主动拨轮1的轴线及拨销3的轴线均通过球心。该机构的工作过程与平面槽轮机构相似。主动拨轮上的拨销通常只有一个,槽轮的动、停时间相等。如果在主动拨轮上对称地安装两个拨销,则当一侧的拨销由槽轮的槽中脱出时,另一拨销进入槽轮的另一相邻的槽,故槽轮连续转动。

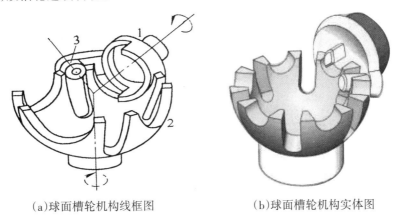

(a)球面槽轮机构线框图　　　　　　　　(b)球面槽轮机构实体图

图5-2-5　球面槽轮机构

3.普通槽轮机构的运动系数

在外槽轮机构结构,图5-2-1中,当主动拨盘1回转一周时,槽轮2的运动时间与主动拨盘转一周的总时间之比,称为槽轮机构的运动系数,并以k表示,即

$$k=\frac{t_d}{t}$$

因为拨盘1一般为等速回转,所以时间之比可以用拨盘转角之比来表示。对于单圆销外槽轮机构,时间t_d与t所对应的拨盘转角分别为$2\alpha_1$与2π。又为了避免圆销A和径向槽发生刚性冲击,圆销刚开始进入或脱出径向槽的瞬时,其线速度方向$2\alpha_1=\pi-2\phi_2$应沿着径向槽的中心线。由图可知,其中$2\phi_2=2\pi/z$为槽轮槽间角。设槽轮有z个均布槽,则将上述关系代入公式$k=t_d/t$得外槽轮机构的运动系数为

$$k=\frac{t_d}{t}=\frac{2\alpha_1}{2\pi}=\frac{\pi-2\phi_2}{2\pi}=\frac{\pi-(2\pi/z)}{2\pi}=\frac{1}{2}-\frac{1}{z}$$

因为运动系数k应大于零,所以外槽轮的槽数z应大于或等于3。又由上式可知,其运动系数k总小于0.5,故这种单销外槽轮机构槽轮的运动时间总小于其静止时间。

如果在拨盘1上均匀地分布n个圆销,则当拨盘转动一周时,槽轮将被拨动n次,故运动系数是单销的n倍,即

$$k=n\left(\frac{1}{2}-\frac{1}{z}\right)$$

又因k值应小于或等于1,即

$$n\left(\frac{1}{2}-\frac{1}{z}\right)\leqslant 1$$

由此得

$$n\leqslant\frac{2z}{(z-2)}$$

由上式可得槽数与圆销数的关系如表5-2-1所示。

表5-2-1 槽数与圆销数对照参数

槽数z	3	4	5、6	≥7
圆销数	1~6	1~4	1~3	1~2

对于单销内槽轮机构,其运动系数为

$$k=\frac{t_d}{t}=\frac{2\alpha_1}{2\pi}=\frac{\pi+2\phi_2}{2\pi}=\frac{\pi+(2\pi/z)}{2\pi}=\frac{1}{2}+\frac{1}{z}$$

显然$k>0.5$。

（三）槽轮的铣加工

作为从动轮的槽轮如图5-2-6所示,先加工车加工部分内容(如:轴类部分与中心孔),再用专用夹具完成铣床部分即槽轮轮廓的加工。根据图上尺寸标注完成槽轮轮廓的铣加工。

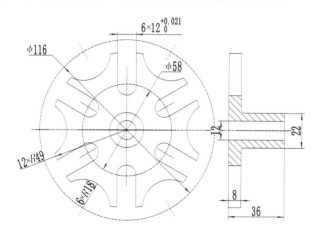

图5-2-6 槽轮

1.简单加工工艺分析

简单加工工艺分析如表5-2-2所示。

表5-2-2 简单加工工艺分析

选用刀具			
名称	平面盘铣刀	圆柱立铣刀	倒角刀
用途	铣平面	铣侧面、底面	边倒角
选用夹具			
名称	专用夹具		
用途	对某种工件或者某个工件专门设计的安装与夹持		
选用量具			
名称	游标卡尺	外径千分尺	深度游标卡尺

续表

用途	粗量毛坯与粗加工后尺寸		量取外轮廓尺寸		测量深度尺寸	
切削用量	$\phi80$ mm平面盘铣刀		$\phi10$ mm立铣刀		$\phi8$ mm倒角刀	
粗加工	主轴转速n	800 r/min	主轴转速n	1200 r/min		
	侧吃刀量a_e	70 mm	侧吃刀量a_e	4 mm		
	背吃量a_p	1 mm	背吃量a_p	4 mm		
	进给速度f	500 mm/min	进给速度f	150 mm/min		
精加工	主轴转速n	1000 r/min	主轴转速n	2000 r/min	主轴转速n	5000 r/min
	侧吃刀量a_e	70 mm	侧吃刀量a_e	0.3 mm	侧吃刀量a_e	0.5 mm
	背吃量a_p	0.5 mm	背吃量a_p	0.2 mm	背吃量a_p	0.5 mm
	进给速度f	500 mm/min	进给速度f	100 mm/min	进给速度f	1000 mm/min

2.操作步骤

（1）检查毛坯。

（2）安装专用夹具并找正。

（3）装夹工件。

（4）盘铣刀粗精铣上表面。

（5）对刀并建立工件坐标系。

（6）编程并模拟。

（7）完成加工。

（8）尺寸检验。

（9）清扫铣床与地面并整理好工量具等物品。

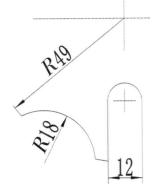

如图5-2-7所示,通过循环调用子程序方式完成对槽轮外轮廓的编程,以巩固子程序调用、坐标旋转等编程指令的知识点。参考程序如表5-2-3所示。（以学生手编程序为例,材料为硬铝）

图5-2-7 槽轮循环部分

表5-2-3 槽轮程序

序号	O0001（主程序）	程序解释
N10	G54 G90 G40 G49 G80 G69 G21 G17;	程序开头
N20	G00Z100;	刀具Z向快速点定位至Z100安全高度
N30	M03S1200;	主轴正转
N40	G00X0Y0;	定位到原点
N50	G00Z10;	Z向快速下刀至Z10高度,做好准备下刀动作
N60	M08;	冷却液开
N70	M98P0012;	调用12号子程序

续表

N80	G68X0Y0R60;	坐标以原点为中心旋转60°
N90	M98P0012;	调用12号子程序
N100	G68X0Y0R120;	坐标以原点为中心旋转120°
N110	M98P0012;	调用12号子程序
N120	G68X0Y0R180;	坐标以原点为中心旋转180°
N130	M98P0012;	调用12号子程序
N140	G68X0Y0R240;	坐标以原点为中心旋转240°
N150	M98P0012;	调用12号子程序
N160	G68X0Y0R300;	坐标以原点为中心旋转300°
N170	M98P0012;	调用12号子程序
N180	G00Z100;	回到安全高度
N220	M30;	程序结束,光标自动移动到程序头
序号	**O0012（子程序）**	**程序解释**
N10	G00X0Y-60	定位到轮廓正下方
N20	G00Z3;	刀具Z向快速点定位至Z3
N30	G01Z-4F50;	下刀
N40	G41G01X6D01F150;	建立1号刀半径左刀补,并以F150速度直线插补走刀至X6,进给速度可以自行调整
N50	Y-29;	继续走直线至Y-29,X轴位置不动
N60	G03X-6R6;	末点值Y不变,逆时针走圆弧至X-6
N70	G01Y-48.63;	需要画图并查点,也可计算
N80	G02X-10.49Y-47.86R49;	画图并查点,也可通过两圆方程求解
N90	G03X-36.21Y-33.02R18;	画图并查点,也可通过两圆方程求解
N100	G02X-39.12Y-29.51R49;	最好画图并查点,用直线方程和圆方程去求解太麻烦
N110	G01Y-29;	Y再稍上去点,和下个循环走刀路线相交
N120	G00Z10;	抬刀
N130	G40G00X0Y0;	取消刀具半径补偿,并定位到原点
N140	G69;	取消坐标旋转
N150	M99;	取消子程序调用

注:学生也可以通过单独走ϕ98 mm的圆+单独走调用R18的半圆子程序+单独走调用宽度为12的槽的子程序来避开算点、查点的麻烦。

🔓三、学后评价

技能训练学后评价如表5-2-4所示。

表5-2-4　技能训练学后评价

序号	评价内容	任务开始时间		班级	
		任务结束时间		姓名	
		要求	自评	互评	总评
1	工作服	干净整洁			
2	工量具使用规范	正确使用并使用规范,摆放整齐			

续表

3	夹具安装与找正	方法正确,安装面水平度与垂直度符合要求			
4	刀具安装	方法正确			
5	铣床操作规范	符合操作流程与规范要求			
6	程序编写	校验后程序正确			
7	加工尺寸与形状精度	和图纸尺寸与形状相符合并达到要求			
8	加工表面质量	按表面粗糙度进行对比			
9	健康与安全	身体有无损伤			
10	工作效率与6S工作	是否超时,是否做好工位打扫整理与清理等			
每项10分,共100分			最后总评分		

✐ 四、课后一练

完成如图5-2-8和图5-2-9所示槽轮的编程,并进行实践。

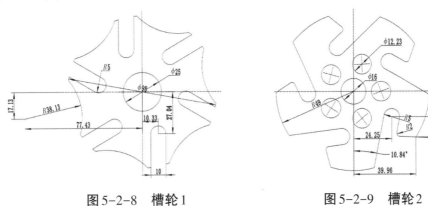

图5-2-8 槽轮1   图5-2-9 槽轮2

⚑ 五、课后一想

课后查一查资料,想一想如何加工球面槽轮机构。

任务三 太极八卦图的制作

◎ 课程目标

知识目标

1.了解太极八卦图基本知识。

2.巩固各编程指令的应用。

技能目标

学会太极八卦图的铣加工制作。

思政目标

让学生养成良好的职业素养与工匠精神。

一、知识引入

八卦分为先天八卦(如图5-3-1所示)和后天八卦(如图5-3-2所示)。

图5-3-1　先天八卦

图5-3-2　后天八卦

先天八卦又名伏羲八卦。先天八卦讲对峙,即把八卦代表的天地风雷山泽水火八类物象分为四组,以说明它的阴阳对峙关系。《周易·说卦传》中将乾坤两卦对峙,称为天地定位;震巽两卦对峙,称为雷风相薄;艮兑两卦相对,称为山泽通气;坎离两卦相对,称为水火不相射,以表示这些不同事物之间的对峙。

后天八卦讲流行,形容周期循环,如水流行,用以表示阴阳的依存与互根,五行的母子相生。后天八卦图是从四时的推移和万物的生长收藏得出的规律。从《周易·说卦传》中可以看出,万物的春生,夏长,秋收,冬藏,每周天360日有奇,八卦用事各主45日,其转换点就在四正四偶的八节上,这就构成了按顺时针方向运转的后天八卦图。今天我们来学习如何加工制作一个太极八卦图。

二、知识导学

(一)看图与简单加工工艺分析

看图5-3-3所示的太极八卦图,完成简单工艺分析表。

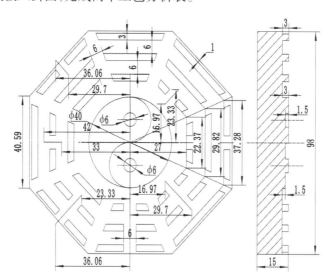

图5-3-3　太极八卦图

太极八卦简单工艺参考如表5-3-1所示。

表5-3-1　太极八卦简单工艺参考

选用刀具			
名称	平面盘铣刀	圆柱立铣刀	倒角刀

续表

用途	铣平面	铣侧面、底面	边倒角
选用夹具			
名称	精密平口钳		
用途	小型工件的平行面安装与夹持		
选用量具			
名称	游标卡尺	外径千分尺	深度游标卡尺
用途	粗量毛坯与粗加工后尺寸	量取外轮廓尺寸	测量深度尺寸

切削用量

		ϕ80 mm平面盘铣刀		ϕ6 mm立铣刀		ϕ8 mm倒角刀	
粗加工	主轴转速 n	800 r/min	主轴转速 n	1500 r/min			
	侧吃刀量 a_e	70 mm	侧吃刀量 a_e	3 mm			
	背吃量 a_p	1 mm	背吃量 a_p	1.5 mm			
	进给速度 f	500 mm/min	进给速度 f	120 mm/min			
精加工	主轴转速 n	1000 r/min	主轴转速 n	2000 r/min	主轴转速 n	5000 r/min	
	侧吃刀量 a_e	70 mm	侧吃刀量 a_e	0.3 mm	侧吃刀量 a_e	0.2 mm	
	背吃量 a_p	0.5 mm	背吃量 a_p	0.2 mm	背吃量 a_p	0.2 mm	
	进给速度 f	500 mm/min	进给速度 f	100 mm/min	进给速度 f	1000 mm/min	

（二）操作步骤

（1）检查毛坯。

（2）安装专用夹具并找正。

（3）装夹工件。

（4）盘铣刀粗精铣上表面。

（5）对刀并建立工件坐标系。

（6）编程并模拟。

（7）完成加工。

（8）尺寸检验。

（9）清扫铣床与地面并整理好工量具等物品。

参考程序1（加工太极八卦初形的编程，最外正八边形编程这里省略）如表5-3-2所示。

表5-3-2 参考程序1

序号	O0001 先铣3个厚度为3的正八边形外轮廓与阴阳太极	程序解释
N10	G54 G90 G40 G49 G80 G69 G21 G17；	程序开头
N20	G00Z100；	刀具Z向快速点定位至Z100安全高度
N30	M03S1500；	主轴正转
N40	G00X3Y-60；	定位到下刀点
N50	G00Z10；	Z向快速下刀至Z10高度，做好准备下刀动作
N60	M08；	冷却液开
N70	G01Z-3F50；	下刀，深度3 mm

N80	G41G01Y-49D01F120；	建立刀具半径左补偿，补偿值输入2
N90	X-20.295；	以下都是铣3个正八边形围墙程序
N100	X-49Y-20.295；	
N110	Y20.295；	
N120	X-20.295Y49；	
N130	X20.295；	
N140	X49Y20.295；	
N150	Y-20.295；	
N160	X20.295Y-49；	
N170	X3；	
N180	Y-45；	
N190	X18.64；	
N200	X45Y-18.64；	
N210	Y18.64；	
N220	X18.64Y45；	
N230	X-18.64；	
N240	X-45Y18.64；	
N250	Y-18.64；	
N260	X-18.64Y-45；	
N270	X3；	
N280	Y-36；	
N290	X14.91；	
N300	X36Y-14.91；	
N310	Y14.91；	
N320	X14.91Y36；	
N330	X-14.91；	
N340	X-36Y14.91；	
N350	Y-14.91；	
N360	X-14.91Y-36；	
N370	X3；	
N380	Y-27；	
N390	X11.185；	
N400	X27Y-11.185；	
N410	Y11.185；	
N420	X11.185Y27；	
N430	X-11.185；	
N440	X-27Y11.185；	
N450	Y-11.185；	
N460	X-11.185Y-27；	
N470	X3；	
N480	Y-20；	

续表

N490	X0;	
N500	G02J20;	铣φ40 mm整圆
N510	G02X0Y20R20;	走刀至圆的X0Y20点,为铣太极做准备
N520	Z-1.5;	刀具上抬1.5,准备铣太极轮廓
N530	G02X0Y0R10;	铣太极轮廓
N540	G03X0Y-20R10;	铣太极轮廓
N550	G03X0Y-13R3.5;	圆弧切入,准备铣太极阴极部分φ6 mm凸起1.5 mm圆柱
N560	G02J3;	铣太极阴极部分φ6 mm凸起1.5 mm圆柱
N570	G01Z3;	抬刀
N580	G40G01X0Y10;	取消刀具半径补偿并直线移到X0Y10阳极1.5 mm凹圆柱坐标处
N590	G01Z-1.5F50;	铣阳极1.5 mm凹圆柱
N600	G01Z3;	先慢抬刀
N610	G00Z100;	抬刀安全高度
N620	M30;	程序结束,光标回到程序头

参考程序2,如表5-3-3所示。

表5-3-3 参考程序2

序号	O0002 铣完整八卦图形(把不要部分铣掉)	程序解释
N10	G54 G90 G40 G49 G80 G69 G21 G17;	程序开头
N20	G00Z100;	刀具Z向快速点定位至Z100安全高度
N30	M03S1500;	主轴正转
N40	G00X9.73Y23.5;	定位到下刀点(太极与八卦空隙右上角中间点,可以定其他点,但要保证能完整去掉中间多余材料)
N50	G00Z10;	Z向快速下刀至Z10高度,做好准备下刀动作
N60	M08;	冷却液开
N70	G01Z-3F50;	下刀,深度3 mm
N80	G01X21.67Y52.32F120;	按角度移出轮廓外右上角一点,需要画图定点,可以自己设定,但保证去除多余材料和不发生切削干涉
N90	X-21.67;	以下都是铣卦与卦之间间隔槽
N100	X-9.73Y23.5;	
N110	X-23.5Y9.73;	
N120	X-52.32Y21.67;	
N130	Y-21.67;	
N140	X-23.5Y-9.73;	
N150	X-9.73Y-23.5;	
N160	X-21.67Y-52.32	
N170	X21.67;	
N180	X9.73Y-23.5;	
N190	X23.5Y-9.73;	
N200	X52.32Y-21.67;	

N210	Y21.67;	
N220	X23.5Y9.73;	铣卦与卦之间间隔槽
N230	X16.97Y16.97;	铣巽卦
N240	X23.33Y23.33;	铣巽卦
N250	G00Z3;	
N260	X23.5Y0;	铣坎卦
N270	G01Z-3F50;	铣坎卦
N280	X31F120;	铣坎卦
N290	G00Z3;	铣坎卦
N300	X53;	铣坎卦
N310	G01Z-3F50;	铣坎卦
N320	X44F120;	铣坎卦
N330	G00Z3;	
N340	X16.97Y-16.97;	铣艮卦
N350	G01Z-3F50;	铣艮卦
N360	X29.7Y-29.7F120;	铣艮卦
N370	G00Z3;	
N380	X-36.06Y-36.06;	铣震卦
N390	G01Z-3F50;	铣震卦
N400	X-23.33Y-23.33F120;	铣震卦
N410	G00Z3;	
N420	X-34;	铣离卦,少1就不会碰到已加工表面
N430	G01Z-3F50;	铣离卦
N440	X-41F120;	铣离卦,少1就不会碰到已加工表面
N450	G00Z3;	
N460	X-36.06Y36.06;	铣兑卦
N470	G01Z-3F50;	铣兑卦
N480	X-29.7Y29.7F120;	铣兑卦
N490	G00Z100;	抬刀
N500	M30;	程序结束,光标回到程序头

注:本编程只做参考,为锻炼学生编程的思路与逻辑思维而设定。初学阶段最好分成多个程序进行编程。有条件选用刀具也可以用φ4 mm的,就可以保证各面都能精加工与顺铣。但程序必须改过,自行设计刀路编程。

🔓 三、学后评价

技能训练学后评价如表5-3-4所示。

表 5-3-4　技能训练学后评价

序号	评价内容	任务开始时间		班级			
		任务结束时间		姓名			
		要求		自评	互评	总评	
1	工作服	干净整洁					
2	工量具使用规范	正确使用并使用规范,摆放整齐					
3	夹具安装与找正	方法正确,安装面水平度与垂直度符合要求					
4	刀具安装	方法正确					
5	铣床操作规范	符合操作流程与规范要求					
6	程序编写	校验后程序正确					
7	加工尺寸与形状精度	和图纸尺寸与形状相符合并达到要求					
8	加工表面质量	按表面粗糙度进行对比					
9	健康与安全	身体有无损伤					
10	工作效率与6S工作	是否超时,是否做好工位打扫整理与清理等					
每项10分,共100分				最后总评分			

✎ 四、课后一练

根据家里的煤气灶,设计一种煤气灶打火手柄图案,如图5-3-4所示,编程并加工出来。

图 5-3-4　家用煤气灶手柄图案

✍ 五、课后一想

查找资料,想一想凸轮是如何加工出来的。

任务四　企业简单零件1(凸轮)

◎ 课程目标

知识目标

掌握凸轮的用途和分类。

技能目标

学会铣加工凸轮。

思政目标

让学生养成良好的职业素养与工匠精神。

🔒 一、知识引入

凸轮可以定义为一个具有曲面或曲槽的机件,利用其摆动或回转,可以使另一组件——从动子提供预先设定的运动。从动子之路径大部限制在一个滑槽内,以获得往复运动。在其回复的行程中,有时依靠其本身之重量,但有些机构为获得确切的动作,常以弹簧作为回复之力,有些则利用导槽,使其在特定的路径上运动。它把运动传递给紧靠其边缘移动的滚轮或在槽面上自由运动的针杆,或者它从这样的滚轮和针杆中承受力。

🔑 二、知识导学

(一)凸轮的结构分类

凸轮是一个具有曲线轮廓或凹槽的构件。

1.按外形分类

(1)盘形凸轮:凸轮为绕固定轴线转动且有变化直径的盘形构件,如图5-4-1(a)所示。

(2)移动凸轮:凸轮相对机架做直线移动,如图5-4-1(b)所示。

(3)圆柱凸轮:凸轮是圆柱体,可以看成是将移动凸轮卷成一圆柱体,如图5-4-1(c)所示。

(a)盘形凸轮　　　　　(b)移动凸轮　　　　　(c)圆柱凸轮

图5-4-1　凸轮机构

2.按从动件的形状分类

(1)顶尖式从动件凸轮。

(2)滚子式从动件凸轮。

(3)平底式从动件凸轮。

(4)曲底式从动件凸轮。

3.按从动件的运动形式分类

(1)直动从动件凸轮。

(2)摆动从动件凸轮。

4.按凸轮与从动件维持运动接触的方式分类

(1)力封闭方式凸轮。

(2)几何形封闭方式凸轮。

胶印机中应用最多的是盘形凸轮、滚子式从动杆凸轮。

(二)凸轮机构的认识

1.凸轮机构的作用

凸轮机构主要作用是使从动杆按照工作要求完成各种复杂的运动,包括直线运动、摆动、等速运动和不等速运动。凸轮机构可设计成在其运动范围内能满足几乎任何输入输出关系,对某些用途来说,凸轮和连杆机构能起到同样的作用,凸轮比连杆机构易于设计,并且凸轮还能做许多连杆机构所不能做的事情,从这个层面说,凸轮机构比连杆机构易于制造。

2.凸轮机构的优缺点

（1）凸轮机构的优点。

只需设计适当的凸轮轮廓，便可使从动件得到任意的预期运动，而且结构简单、紧凑，设计方便，因此在自动铣床、轻工机械、纺织机械、印刷机械、食品机械、包装机械和机电一体化产品中得到广泛应用。

（2）凸轮机构的缺点。

①凸轮与从动件间为点或线接触，易磨损，只宜用于传力不大的场合。

②凸轮轮廓精度要求较高，需用数控铣床进行加工。

③从动件的行程不能过大，否则会使凸轮变得笨重。

（三）凸轮铣削

看如图5-4-2所示企业中的简单凸轮件，完成凸轮轮廓铣削编程与加工。

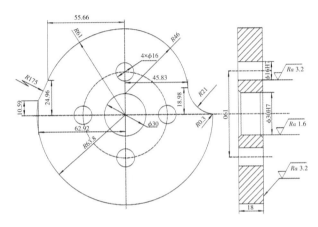

图5-4-2　凸轮

1.简单加工工艺分析

凸轮加工简单工艺参考如表5-4-1所示。

表5-4-1　凸轮加工简单工艺参考

选用刀具			
名称	平面盘铣刀	圆柱立铣刀	倒角刀
用途	铣平面	铣侧面、底面	边倒角
选用夹具			
名称	专用组合夹具		
用途	有工艺安装孔的不规则工件安装与夹持		
选用量具			
名称	游标卡尺	外径千分尺	深度游标卡尺
用途	粗量毛坯与粗加工后尺寸	量取外轮廓尺寸	测量深度尺寸
切削用量	粗加工	$\phi 80$ mm平面盘铣刀		$\phi 10$ mm立铣刀		$\phi 8$ mm倒角刀
		主轴转速 n	800 r/min	主轴转速 n	1000 r/min	
		侧吃刀量 a_e	70 mm	侧吃刀量 a_e	5 mm	

	背吃量 a_p	1 mm	背吃量 a_p	5 mm		
	进给速度 f	500 mm/min	进给速度 f	120 mm/min		
精加工	主轴转速 n	1000 r/min	主轴转速 n	1500 r/min	主轴转速 n	5000 r/min
	侧吃刀量 a_e	70 mm	侧吃刀量 a_e	0.2 mm	侧吃刀量 a_e	0.2 mm
	背吃量 a_p	0.5 mm	背吃量 a_p	0 mm	背吃量 a_p	0.2 mm
	进给速度 f	500 mm/min	进给速度 f	100 mm/min	进给速度 f	1000 mm/min

2.参考程序(凸轮轮廓)

参考程序(凸轮轮廓)如表5-4-2所示。

表5-4-2 参考程序(凸轮轮廓)

序号	O0001	程序解释
N10	G54G90G40G49G80G69G21G17;	程序开头
N20	G00Z100;	刀具Z向快速点定位至Z100安全高度
N30	M03S1000;	主轴正转
N40	G00X-10Y70;	定位到下刀点
N50	G00Z10;	Z向快速下刀至Z10高度,做好准备下刀动作
N60	M08;	冷却液开
N70	G01Z-5F50;	下刀,深度5 mm
N80	G41G01Y61D01F120;	建立刀具半径左补偿
N90	G02X45.83Y18.98R46;	
N100	G03X63.8Y0R21,R0.3;	前面一个R为加工圆弧半径,后面一个R为与下一个轮廓的倒圆半径
N110	G02X-62.92Y10.59R-63.8;	超过180°的圆弧R变负号
N120	G03X-55.66Y24.96R175;	
N130	G02X0Y61R61;	
N140	G01X1;	
N150	G00Z100;	
N160	G40G00X0Y120;	取消刀具补偿,并使工件移到便于测量位置
N170	M30;	程序结束,光标回到程序头

注:加工过程中,以4×φ16 mm其中3个或者4个作为定位装夹工艺孔,以φ30 mm作为对刀工艺孔。

3.操作步骤

(1)检查毛坯。

(2)安装专用夹具并找正。

(3)装夹工件。

(4)盘铣刀粗精铣上表面。

(5)对刀并建立工件坐标系。

(6)编程并模拟。

(7)完成加工。

(8)尺寸检验。

(9)清扫铣床与地面并整理好工量具等物品。

🔓 三、学后评价

技能训练学后评价如表5-4-3所示。

表5-4-3 技能训练学后评价

序号	评价内容	任务开始时间		班级		
		任务结束时间		姓名		
		要求	自评	互评		总评
1	工作服	干净整洁				
2	工量具使用规范	正确使用并使用规范,摆放整齐				
3	夹具安装与找正	方法正确,安装面水平度与垂直度符合要求				
4	刀具安装	方法正确				
5	铣床操作规范	符合操作流程与规范要求				
6	程序编写	校验后程序正确				
7	加工尺寸与形状精度	和图纸尺寸与形状相符合并达到要求				
8	加工表面质量	按表面粗糙度进行对比				
9	健康与安全	身体有无损伤				
10	工作效率与6S工作	是否超时,是否做好工位打扫整理与清理等				
每项10分,共100分			最后总评分			

✏️ 四、课后一练

1. 说出凸轮的几种分类以及用途。

2. 设计一种能往复运动的盘形凸轮机构,具体如图5-4-3所示。

图5-4-3 凸轮

👤 五、课后一想

如何用凸轮机构设计并制作一种简易的自动敲打工具?

任务五　企业简单零件2(叶轮)

🎯 课程目标

知识目标

掌握G68、M98等简化编程指令的运用。

技能目标

学会铣加工叶轮。

思政目标

让学生养成良好的职业素养与工匠精神。

🔒 一、知识引入

叶轮既指装有动叶的轮盘,是冲动式汽轮机转子的组成部分,又可以指轮盘与安装其上的转动叶片的总称,如图5-5-1所示。叶轮可以根据形状以及开闭情况进行分类。

图5-5-1　叶轮

🔑 二、知识导学

(一)叶轮分类

离心泵叶轮有4种形式:闭式、前半开式、后半开式、开式。

1.闭式叶轮

闭式叶轮由叶片与前、后盖板组成。闭式叶轮的效率较高,制造难度较大,在离心泵中应用最多。适于输送清水、溶液等黏度较小的不含颗粒的清洁液体。

2.半开式叶轮

半开式叶轮一般有两种结构:一种为前半开式,由后盖板与叶片组成,此结构叶轮效率较低,为提高效率需配用可调间隙的密封环;另一种为后半开式,由前盖板与叶片组成;由于可应用与闭式叶轮相同的密封环,效率与闭式叶轮基本相同,且叶片除输送液体外,还具有(背叶片或副叶轮的)密封作用。半开式叶轮适于输送含有固体颗粒、纤维等悬浮物的液体。半开式叶轮制造难度较小,成本较低,且适应性强,在炼油化工用离心泵中应用逐渐增多,并用于输送清水和近似清水的液体。

3.开式叶轮

开式叶轮是只有叶片及叶片加强筋,无前后盖板的叶轮(开式叶轮叶片数较少,只有2~5片)。叶轮效率低,应用较少,主要用于输送黏度较高的液体,以及浆状液体。离心泵叶轮的叶片一般为后弯式叶片。叶片有圆柱形和扭曲形两种,应用扭曲叶片可减少叶片的负荷,并可改善离心泵的吸入性能,提高抗汽蚀能力,但制造难度较大,造价较高。炼油化工用离心泵要求叶轮为铸造或全焊缝焊接的整体叶轮。焊接叶轮多用于铸造性能差的金属材料(如铁及其合金)制造的化工用特种离心泵。焊接叶轮的几何精度和表面光洁度均优于铸造叶轮,有利于提高离心泵的效率。

(二)叶轮的常用材料

叶轮的常用材料有:铸铁、青铜、不锈钢、锰青铜、蒙乃尔合金、INCONEL,以及非金属材料。非金属材料成分有PPS塑料、酚醛树脂等。

（三）叶轮的铣加工

看图5-5-2所示的叶轮零件图，完成工艺分析与编程。

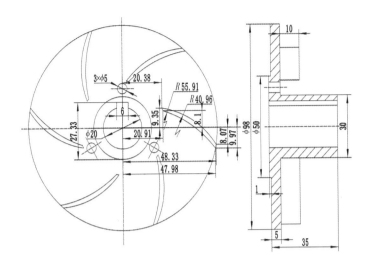

图5-5-2 叶轮练习件

1.简单加工工艺分析

叶轮铣加工简单工艺参考如表5-5-1所示。

表5-5-1 叶轮铣加工简单工艺参考

选用刀具					
名称	平面盘铣刀		圆柱立铣刀		倒角刀
用途	铣平面		铣侧面、底面		边倒角
选用夹具					
名称	专用夹具、三爪自定心卡盘				
用途	有工艺安装孔的不规则工件安装与夹持				
选用量具					
名称	游标卡尺		外径千分尺		深度游标卡尺
用途	粗量毛坯与粗加工后尺寸		量取外轮廓尺寸		测量深度尺寸
切削用量		$\phi80$ mm平面盘铣刀	$\phi8$ mm立铣刀		$\phi8$ mm倒角刀
	粗加工	主轴转速n	800 r/min	主轴转速n	1200 r/min		
		侧吃刀量a_e	70 mm	侧吃刀量a_e	4 mm		
		背吃量a_p	1 mm	背吃量a_p	4 mm		
		进给速度f	500 mm/min	进给速度f	120 mm/min		
	精加工	主轴转速n	1000 r/min	主轴转速n	1500 r/min	主轴转速n	5000 r/min
		侧吃刀量a_e	70 mm	侧吃刀量a_e	0.2 mm	侧吃刀量a_e	0.2 mm
		背吃量a_p	0.5 mm	背吃量a_p	0.1 mm	背吃量a_p	0.2 mm
		进给速度f	500 mm/min	进给速度f	100 mm/min	进给速度f	1000 mm/min

2.参考程序(叶轮)

参考程序(叶轮)如表5-5-2所示。

表5-5-2　参考程序(叶轮)

序号	O0001（主程序）	程序解释
N10	G54 G90 G40 G49 G80 G69 G21 G17;	程序开头
N20	G00Z100;	刀具Z向快速点定位至Z100安全高度
N30	M03S1200;	主轴正转
N40	G00X0Y0;	定位到原点
N50	G00Z10;	Z向快速下刀至Z10高度,做好准备下刀动作
N60	M08;	冷却液开
N70	M98P0018;	调用18号子程序
N80	G68X0Y0R60;	坐标以原点为中心旋转60°
N90	M98P0018;	调用18号子程序
N100	G68X0Y0R120;	坐标以原点为中心旋转120°
N110	M98P0018;	调用18号子程序
N120	G68X0Y0R180;	坐标以原点为中心旋转180°
N130	M98P0018;	调用18号子程序
N140	G68X0Y0240;	坐标以原点为中心旋转240°
N150	M98P0018;	调用18号子程序
N160	G68X0Y0R300;	坐标以原点为中心旋转300°
N170	M98P0018;	调用18号子程序
N180	G00Z100;	回到安全高度
N220	M30;	程序结束,光标自动移动到程序头
序号	O0018（子程序）	程序解释
N10	G00X15Y15;	定位到轮廓正下方
N20	G00Z3;	刀具Z向快速点定位至Z3
N30	G01Z-24F50;	下刀,起步平面为Z-20,实际下刀为4 mm
N40	G41G01Y9.35D01F120;	建立1号刀半径左刀补,并以F120速度直线插补走刀至Y9.35,进给速度可以自行调整
N50	X20.38;	继续走直线至X20.38,Y轴位置不动
N60	G02X48.33Y-8.07R40.96;	加工R40.96圆弧
N70	G01X47.98Y-9.97;	
N80	G03X20.91Y8.1R55.91;	加工R55.91圆弧
N90	G01X20.38Y9.35;	
N100	Y11;	Y上去一点,走刀路线形成封闭环
N110	G00Z10;	抬刀
N120	G40G00X0Y0;	取消刀具半径补偿,并定位到原点
N130	G69;	取消坐标旋转
N140	M99;	取消子程序调用

3.操作步骤

(1)检查毛坯。

(2)安装专用夹具并找正。

(3)装夹工件。

(4)盘铣刀粗精铣上表面。

(5)对刀并建立工件坐标系。

(6)编程并模拟。

(7)完成加工。

(8)尺寸检验。

(9)清扫铣床与地面并整理好工量具等物品。

三、学后评价

技能训练学后评价如表5-5-3所示。

表5-5-3 技能训练学后评价

序号	评价内容	任务开始时间		班级		
		任务结束时间		姓名		
		要求		自评	互评	总评
1	工作服	干净整洁				
2	工量具使用规范	正确使用并规范,摆放整齐				
3	夹具安装与找正	方法正确,安装面水平度与垂直度符合要求				
4	刀具安装	方法正确				
5	铣床操作规范	符合操作流程与规范要求				
6	程序编写	校验后程序正确				
7	加工尺寸与形状精度	图纸尺寸与形状相符合并达到要求				
8	加工表面质量	按表面粗糙度进行对比				
9	健康与安全	身体有无损伤				
10	工作效率与6S工作	是否超时,是否做好工位打扫整理与清理等				
	每项10分,共100分			最后总评分		

四、课后一练

设计一种开式叶轮,编程并加工出来。

五、课后一想

查找资料,想一想图5-5-3所示叶轮应该如何加工?是用哪种铣床加工出来的?

图5-5-3 叶轮

参考文献

［1］于涛,武洪恩,杨俊茹,等.数控技术与数控铣床［M］.北京:清华大学出版社,2019.

［2］叶畅,刘永利,冯金冰,等.数控加工工艺［M］.北京:清华大学出版社,2020.

［3］赵刚.数控铣削编程与加工［M］.北京:化学工业出版社,2007.

［4］翟瑞波.数控铣床/加工中心编程与操作实例［M］.北京:机械工业出版社,2007.

［5］王志强.数控铣床编程与实训［M］.北京:机械工业出版社,2018.

［6］叶畅,刘永利,冯金冰,等.数控铣床编程与操作［M］.2版.北京:清华大学出版社,2020.

［7］崔陵,娄海滨,蔡连森,等.数控铣床编程与加工技术［M］.3版.北京:高等教育出版社,2017.

［8］李家杰.数控铣床编程与操作实用教程［M］.南京:东南大学出版社,2005.

［9］吴明友.数控铣床培训教程［M］.北京:机械工业出版社,2007.